用领导的逻辑，帮自己打胜仗

[日]伊庭正康　著
吴梦迪　译

トップ
3%の人は、
「これ」を必ず
やっている
上司と組織を動かす
「フォロワーシップ」

科学技术文献出版社
SCIENTIFIC AND TECHNICAL DOCUMENTATION PRESS
·北京·

图书在版编目(CIP)数据

用领导的逻辑，帮自己打胜仗 / (日) 伊庭正康著; 吴梦迪译. — 北京 : 科学技术文献出版社, 2022.10
ISBN 978-7-5189-9663-6

Ⅰ.①用… Ⅱ.①伊… ②吴… Ⅲ. ①成功心理—通俗读物 Ⅳ.①B848.4-49

中国版本图书馆 CIP 数据核字（2022）第184728号

著作权合同登记号　图字：01-2022-5494

用领导的逻辑，帮自己打胜仗

责任编辑：王黛君　宋嘉婧　　责任校对：王瑞瑞　　责任出版：张志平

出 版 者　科学技术文献出版社
地　　址　北京市复兴路 15 号　邮编：100038
编 务 部　（010）58882938，58882087（传真）
发 行 部　（010）58882868，58882870（传真）
邮 购 部　（010）58882873
官方网址　www.stdp.com.cn
发 行 者　科学技术文献出版社发行　全国各地新华书店经销
印 刷 者　唐山富达印务有限公司
版　　次　2022年10月第1版　2022年10月第1次印刷
开　　本　880×1230　1/32
字　　数　96千
印　　张　7
书　　号　ISBN 978-7-5189-9663-6
定　　价　52.00元

前言
不想放弃公司的人必定拥有的能力

◎你知道“追随力”吗？

本书的目的不在于教你如何在当今社会“出人头地”，也不在于鼓励你扼杀自己的本性，而是从更高的维度，教你如何平衡自我与在组织中的影响力，即在更巧妙地不忘初心的同时，成为公司不可或缺的人才。

要想做到这一点，追随力至关重要。

当上司能力有所不足，或工作顾此失彼时，积极地给予其支持，发挥自我影响力，这样的能力就是追随力。

支持而非服从，这是追随力的基本态度。“追随力”一词由美国卡内基梅隆大学罗伯特·凯利教授提出，是一种受到学院派认可的国际型能力。

如今,它的传播范围非常广泛,甚至可以毫不夸张地说,它是开发选拔型领导者的必修科目。

◎只有 3% 的人知道，真是遗憾

很遗憾，在日本，只有一小部分人知道追随力。

在我担任讲师的追随力培训课上，我一共向约 5000 位学员询问过。结果，发现只有 3% 左右的人知道。所以，也就大概只有 3% 的人在发挥追随力。

因为不懂追随力，面对上司时，会感受到过多压力；因为不懂追随力，一些明明很容易解决的问题，也会因为觉得“说了也没用”而放弃……这样的例子数不胜数。

正因为这样，我认为：工作中遇到很多复杂的问题，如果多数人总是觉得有人会去解决，那就一个也解决不了。但是，只要有人稍微有点“动作”，就会连带出一片“动作”。因此公司里的所有员工都应该懂得追随力的重要性。

我希望大家都知道什么是追随力，这是我写作这本书的初衷。

◎人事考核成绩良好，却没有发展机会的原因

我以前也不懂追随力，进入管理层之后，我才了解。

正因如此，我切身感受到，等进入管理层后才去了解追随力为时已晚。

在进入管理层之前，我总认为：该做的我都会做；但公司是公司，我是我。

我当时工作的公司，曾在一夜间被大荣超市收购。在公司发放大荣旗下的牛排店的优惠券时，我深刻感受到了公司前途的不确定性。

与此同时，很多银行、证券公司也在此期间相继倒闭，如山一证券、三洋证券、北海道拓殖银行等。

我看到类似的新闻后，心中明确了自己和公司的界限，想着自己的事情还得靠自己。

但是成为不可或缺的人才这种理念，就略带局限性了。

04

随着工作参与度、业务参与度的减少，即便人事考核成绩良好，发展机会也会在不经意间从自己手中溜走。

因为这种后果会给上司留下“干劲不足”的印象（我是在进入管理层之后，才明白上司会这么想的）。

我的上司曾经对我说：“别客气。可以多来找我。”

如果当时我了解了追随力，那么我可能立即能明白上司这个说法是什么意思。

然而并没有那么多“如果”可言。

现在回想起来当初的种种表现，我发现，在人生的很多岔路口，我错失了良机。

◎既非“鞠躬尽瘁”，也非“和公司保持距离”

那么，该采取什么样的态度呢？

不是宣誓忠诚，贯彻无私奉献。

不是和公司保持距离，认为公司是公司，我是我。

不是选择安全之路，以免犯错误。

也不是唯命是从，认为上司的话就要绝对服从。

更加不是和同事互相吐槽公司。

正确答案呼之欲出，而这也是我要写作本书的原因。

不伪装自己，真实、灵活地在组织中发挥影响力。这就是正确答案。

而想要做到这一点，关键在于如何发挥跟随力。

不用纠结自己有没有头衔、年龄是否小等无关紧要的原因。

相反，这些时候才更应该发挥追随力。

职位不是一种身份，而是一种“角色”。

◎组织的成功取决于下属

罗伯特·凯利教授说：“一个组织的成功，80% 是由下属的追随力决定的。”

换言之，组织的成功与否，取决于下属（而非上司）的主观能动性。

公司不会抛弃拥有主观能动性的下属，这种下属，甚至别的公司还会向其抛出“橄榄枝”。

希望本书可以启发更多的人理解追随力，也希望你能通过阅读本书获得关于拥有诸多工作方式的启发。

伊庭正康（RASISA LAB 总裁、研修训练师）

目录

第一章

努力却没有回报的人忽略了什么？

第二章
只有 3% 的人知道的“追随力”

第三章
提高追随力的习惯

第四章 如何解决职场上的“复杂问题”

第五章 运用“业务框架”，以 10 倍的速度解决问题

第六章

工作不可能永远一帆风顺，“逆风”时该如何处理？

第一章

努力却没有回报的人忽略了什么？

01

明明努力了，为什么上司还是认为你做得不够？

从不请假，从不迟到，做好上司交代的每一件事，人事考核成绩也不错。但就是感觉没有得到相应的回报。到底哪里做得不够？

◎上司并非只看重兢兢业业

你是否也曾有过这样的苦恼：明明严格认真地执行了上司的指令，人事考核的成绩也不错，却没有得到预想中的评价。

这到底是为什么呢？让我先来公布答案吧。

上司看重的并不是你有没有认真工作。

在他们眼中，努力是应该的，做不到兢兢业业就要扣分。上司希望你具备影响力。

◎“可以多来找我”意味着什么？

先说一下我的失败经历吧。

每个人至少会有一个优点。我平时虽然笨手笨脚，但我的销售业绩确实不错。因此我获得了晋升，并成为营业部的一个小领导。

当时我和下属间的关系非常融洽，业绩也不错，所以业务一直完成得很顺利。

但上司总是对我说：“可以多来找我。”这让我一头雾水。

我绞尽脑汁也想不出原因。有一次我曾尝试邀请上司去喝一杯，然而这似乎并不是他想要的。

如果是你，你会如何理解“可以多来找我”这句话呢？

如果理解错误，那么在接下来的工作中，你就有可能做很多无用功。所以，请好好理解这句话中隐藏的真意。

◎机会源源不断之人在做些什么?

答案就是追随力。

追随力，是指当上司能力有所不足或做工作顾此失彼时，像参谋一样给予支持的能力。

组织里确实存在不少问题。当时的我对追随力完全没有概念，所以，对组织里存在的问题极其不敏感。

也就是说，我把自己的注意力和精力都放在了自己业务中的问题上，并没有站在上司的立场上去纵观全局。

“可以多来找我”的意思是：如果有什么建议或想要商量的事情，可以来找我。进一步讲，就是：站在比自己高一级（我）的立场上来看，如果发现了问题，请告诉我。

后来，我通过阅读追随力的权威——美国卡内基梅隆大学罗伯特·凯利教授的著作，接触到了追随力的概念。

在那之后，我观察了很多商业人士，发现他们中能充分发挥追随力的，少之又少。

正因如此，我们才会觉得上司的信任，以及机会都集中在少数人身上。事实上，我遇到过的那些令人敬仰的领导者和专家，无一例外都具备卓越的追随力。他们面对他们的上司时，会毫无顾虑地与之争论，有些话听起来十分逆耳。

可以毫不夸张地说，不知道追随力的人，永远不会受到幸运女神的眷顾。

本书将会介绍提高追随力的方法，及其具体的实施方案，以助你一臂之力，实现理想中的事业发展。

受上司信任、机会源源不断的人，都是在发挥追随力的人。

02

为什么考核结果很好，却翻不了身？

人事考核如同成绩单，仅此而已。成绩再漂亮，也不意味着必定受人信赖。要想受人信赖，必须掌握更重要的事情。

◎不要仅仅相信人事考核

你体会过跌入深渊的心情吗？我体会过。

那是进入管理层之后的事情。我接受过一次类似降职的人事调动。

工资下降了，工作的职责也变小了。

在那之前，我一直相信，只要做出比别人更好的成绩，获得良好的人事考核成绩，待遇就会提高，升职加薪，工作的职责也会随之加重——我曾把这奉为我的职场真理。

在那次人事调动发生的时候，我的人事考核成绩一直不错，所以，发生此事，这更加让我一头雾水。

满肚子疑问的我，态度激烈地逼问了上司。

开始的时候，上司只跟我说："伊庭，你很努力，大家对你的评价也很高。"

这样的理由当然无法说服我，所以我继续展开攻势。最后，上司嘟哝着说了句："我也想保你。但你也许应该和别的部门的领导多交流交流。你的影响力在营业部确实很大，但再高两个级别、三个级别的上司却对你不甚了解。"

当时，公司的经营体制发生了变化，了解我的一些上司确实都纷纷离开了公司。

缺乏追随力、徒有人事考核成绩的人，就是会面对这样的悲剧。

当时的我，本可以做到关注并倾听高一两个级别的上司的想法，但我并没有这样的意识。

事实上，很多人都处于这种状态。

后来我创立了培训公司，每年会开展 200 次“追随力”等方面的培训。培训人数每年都超过 4 万人。通过这些培训，我发现，能站在高一两个级别的上司的立场上思考问题、发挥追随力的人，1 个班（30 个人左右）只有 1 个，也就是 3%。

◎什么能防止你跌入谷底?

让我们来梳理一下思路。

如果你感觉自己人事考核结果良好，却一直没有机会。这时候，你的问题就在于总是以自我为中心。

比如，上司想把一件责任重大的工作交给下面的人来做。候选人有 3 个。

如果你是上司，会以什么标准来选择呢？应该不会只看人事考核吧。

你会综合各方面的因素加以选择。大致的标准应该是理解并积极地支持追随自己的人。

换言之，上司选人的标准不只是看工作能力强不强，还会看是否支持自己。所以，必须认真思考如何把握和上司的距离感。

不要误会。我的意思并不是要你对上司言听计从。

上司不是用来侍奉的，而是用来支持的。这才是正确答案。

深渊的泥土坚硬又冰冷。

现在想来，那次降职对我来说是宝贵的一课。如果时间能够倒流，我很想反省当时的自己，当然，我不希望你也体会到那种滋味。

具备追随力的人，很难落入那种境地。不仅如此，还有可能一帆风顺，一路高升——这就是现实。

即使工作能力强，上司也可能不会选你。

03

为什么按上司的吩咐做，却没有得到回报？

假设有两块外形相同的糕点，味道一样。一块明天过期，一块下个月过期。这时，你会选择哪块先吃？很多人大概都会选择明天过期的那块。

公司也和你一样，因为不想做出无法挽救的事情，会时时刻刻都在思考员工辞职的风险。

◎为了成为不被放手的人

每个人都应该深入了解这一条，只有成为这样的人，才更容易得到机会。

“这个人要是辞职，还真让人头疼啊！”

这是所谓的上司共识。当上司在犹豫该指派谁来担任某个职位时，这样的人更容易受到眷顾。

我在进入管理层后，也有过类似的经历。

事情发生在一次会议上，我需要从 3 个人中选出 1 人来做下一任领导。

在所有候选人都旗鼓相当、难分伯仲的情况下，一个新的判断标准突然降临。

那就是“如果这个人辞职了，我会很头疼”。

话虽如此，但你没有必要真的向上司吐露辞职的想法。

如果你在工作中已经获得了相应的成就，就应该跟上司说：“我想要挑战这个工作。”

你可以利用面谈的机会，向上司表示：

“我想挑战一下开发新业务的工作。”

“我想挑战一下领导职位。”

这时，上司的内心想法应该是这样的：

“如果现在不给他机会的话，似乎会发生什么不好的事情。”

◎做什么能帮你获得好运？

我来介绍一个实际案例吧。

当事人当时是营业部的一个小领导，业绩完成得也很好。上司希望他能继续留在营业部担任课长一职。但是，他却去找上司商量说：“其实，我对市场很感兴趣，想挑战一下商品企划。”

上司试探着问了他是否有意向留任营业课长，但他的想法丝毫没有动摇。于是上司立即将情况汇报给了自己的上司。

上司的上司听到汇报后，问道：“是不是应该把他调到企划部呢？”

直属上司回答道：“对我而言，这么做肯定是痛失爱将。但如果什么都不做，维持原样，他就会辞职。所以，就算不是马上，也最好找个合适的时机将他调过去。”

你会毫无畏惧地向上司传达自己想做的事吗？

无条件执行命令的姿态，乍一看很好，但很可能会让你错失良机。

我认为，勇于说出自己想做的事，也是追随力的一步。

大胆坦率地表达自己的想法或想做的事，而不是屈服于环境。

换言之，该说就说，现在不是客气的时候。

有能力的人才具备优势。

这些人不仅是为公司、为事业发挥影响力的珍贵人才，同时也带有一丝不确定性，让公司害怕他们可能会辞职。

所以，要想获得合理的评价和待遇，应当勇敢地表达自己想做的事，而不是对上司言听计从。

自己想做的事，最好勇敢地告诉上司。

04

为什么你的证白考了，书白读了？

“那家高级餐厅真是太棒了，特别是那优美的演奏。”

人们不会喜欢卖弄学问的人，买了那家餐厅的饼干送人的人才让人喜欢。

◎重要的是知识的用途

作为培训讲师,因为工作的关系,我接触过很多商务人士。其中，很多人所做之事总是多多少少让人感到遗憾。

这些人资质齐全，博览群书。在跟他们开会商讨时，他们也会时不时地显示出渊博的学识。

“这是麦克利兰的理念吧。”

“波特也说过，不战很重要。”

如果和他们沟通的人具有相同的知识背景，可能会更容易达成共识，然而对他们了解甚少的人，难免会有这样的想法：“你在说什么莫名其妙的话啊？就不能把你的知识用在工作上吗？”

只有当知识服务于工作和客户，才会受上司的欢迎。

知识和钱都是如此。喜欢炫耀它们的人招他人厌恶。

而不爱炫耀，总是不露声色地使用知识的人则最受欢迎。

那些获得资格证、学习所得的知识、在跨界交流会上获取了信息的人，都是如此。

人们喜欢的是默默使用知识于实践中的人。

那么，该怎么做才好呢？

同时也请一并思考如何将学到的知识运用到工作中去。

这也是上司希望你做的事情。换言之，它也是追随力的一种体现。

◎下班就走也无妨

我 20 多岁的时候，就职于招聘公司的营业部。

不同于现在，当时加班频繁，社会上也没有花时间投资自己的风气。而我刚好有将来从事咨询、教育行业的想法，所以总是在大家加班的时候不下班（自己的决定）。

这样的话，作为组织中的一员，是不妥的。

后来，我运用学到的市场和人事管理知识，开发出了新的营业手法，即去客户公司开展学习会。并且，我还提议在公司内部率先应用这种方法。

这样的举措不仅受到了上司的赞赏，同事们也很感谢我。而下班后我即便先走，也不会被贴上任性的标签。

◎如何成为独一无二

现在，越来越多的人热衷于学习商业模式。

再加上经济产业省的鼓励，越来越多的人开始寻找副业。

但是，这里有个分水岭。

你是为了自己的利益从事副业，还是为了将从中获取的经验知识运用到工作中去——这是你能否成为独一无二的存在的关键。

有这样几个方法。

有个派遣公司的员工，利用自己学到的有关色彩搭配的知识，为前来工作的同事举办了“色彩搭配学习会”。

通过学习，这家公司的很多职员给人的印象焕然一新，受到了客户的一致好评。

独占自己学到的知识、握着手中考到的资格证，未免有点浪费。

能否将自己拥有的知识变成大家的资产，决定着你能否成为独一无二的存在。

要点

将学到的知识变成“大家的资产”，会使你受到好评。

05

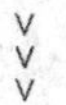

和上司合不来你该怎么办？

不知你是否经常听到这样的言论："因为没有加入派系……""因为他很会拍上司马屁……"但其实，这样的话在周围人听来，都只是给自己找的借口，所以，请不要找借口。

◎需要巴结奉承上司吗？

有不少人觉得自己得不到回报，是因为和上司合不来。

确实，随着经营体制和方针的改变，之前立下的汗马功劳都有可能归零，有时甚至还会和新上司产生很大的距离感。

事实上，在工作中经常可以听到各种各样的抱怨。其中有些抱怨确实可能是真实的。

比如“上司在组建自己的派系”“公司只对年轻人感兴趣”“只考虑女性员工”“谁让我们是分公司的员工”……

对此，我们应该怎么处理呢？

工作中，没必要溜须拍马、阿谀奉承。此时此刻，发挥追随力才是正道。

换言之，就是要成为发现并补救上司盲点不足的人。

那么，上司的盲点在哪里呢？

其实是有迹可循的。

很多下属都觉得上司很忙，不可以随意找他商量问题，而上司很可能并没有察觉到下属们的这个顾虑。这是职场中普遍存在的问题。尤其现在，政府推行缩短劳动时间，导致上司和下属间的交流时间进一步减少了。所以，这是一个在工作中很容易遇到的问题。

此外，还有上司能力不足的问题。即上司想在工作中推进改革，却迟迟没有进展。

◎统一上司和下属的眼界

事实上，下面的数据也可以证明这一点。

日本能率协会管理中心开展的“JMAM 管理者实况调查”（针对管理者在公司的管理实况的问卷调查），曾得出这样的结果。

对管理者的提问：作为管理者，今后会重视下属哪一方面的表现呢?

调查中排第 1 位的是：带着问题收集信息，精准地把握变化的预兆和组织的前进方向。但这一点在面对下属的调查中，排名仅为第 8 位（说明下属不关注这一点）。

对下属的提问：你希望你的上司在哪方面有所改进呢?

调查中排第 1 位的是：营造下属能够随意与之交谈商量的氛围。但这一点在面对上司的调查中，排名仅为第 11 位（说明上司不关注这一点）。

了解到这个差距后，你是否领悟到该如何发挥追随力了呢?

你要成为一条“管道”。

你可以自己充当传达者的角色，也可以召开“交谈会议”。

那么，你的公司又是什么情况呢?

无论怎么样，不要理会派系问题，包括分公司、总公司之类区别，这是比较明智的做法。

因为工作关系，我和很多经营者聊过。听到最多的声音就是“咱们是分公司什么的，像这样的障碍，无论有多少，都难以跨越”。

我的第一家公司也是分公司。

组织无时无刻不在变化。有些人会从分公司调到总公司去，有些人则会出现相反的情况。自己的所属关系其实无关紧要。

人人都有行使影响力的权利。

首先，请试着创造一个机会，和上司谈谈部门必须解决的问题。哪怕只是听听上司觉得部门存在的问题，你也会找到接下来该努力的方向。

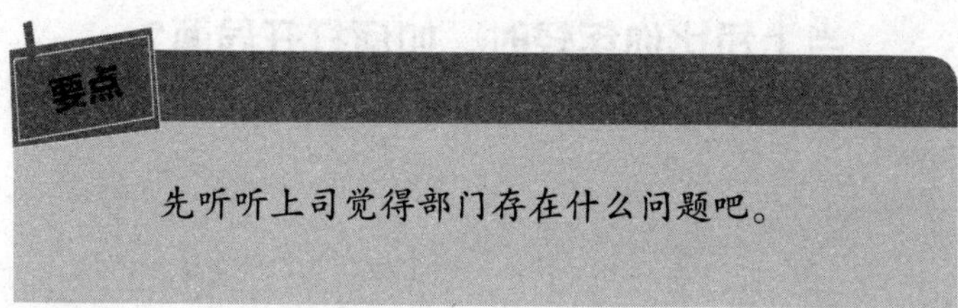

06

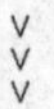

当上司比你年轻时，如何打开局面？

“什么，那家伙是我上司？我以前还教过他工作呢！”

如果你有这种想法,就请先切换一下模式吧。年轻上司就如同主要演员，需要配角从旁协助才能绽放光彩。

◎年轻上司来了

现在，年轻上司在各单位已经司空见惯。

根据万宝盛华集团的调查，如今约 70% 的中年员工处于这种状态。该调查还显示，大约有 30% 的人觉得年轻上司或员工很棘手。

甚至还听到了“尽量不接近他们”的声音。

但是，这样的想法今后是行不通的。

因为就算跳槽了，新公司的上司也有很大的可能比自己年轻。

很多老员工的问题就在于受到了上下概念的限制，认为上司就应该厉害。但上司只是一个职位，而非真正的“上”。你可以去问问经营者：“上司和下属，谁比较厉害？”他们肯定会说：“都厉害。”

当遇到年轻上司，感觉棘手时，请迅速进入发挥追随力的模式。

转变为优秀的追随者，才是老员工的新生之道。

骨干员工还必须敏锐地察觉到“有烦恼的反而是年轻上司”。

◎如何追随年轻上司

上文提到的调查还发现了下面这个现象：年轻上司不

好意思向年长员工下达指令，同时，年长员工又不敢向年轻上司提意见。也就是说，双方对彼此都过于小心翼翼。

此时正是追随力发挥用武之地的时候。

请试着坦率地询问年轻上司。

通过提问了解年轻上司觉得不足的地方，然后再转过身去帮助支持他。这才是身为年长下属应有的姿态。

我顺便再说一下绝不可以做的事情。

不可以在大庭广众下以前辈自居。事实上，我遇到过这样的事，所以深有体会。当时，因为某些机缘巧合，我成了年轻上司。

然后就有下属在大庭广众下对我说：

“我想你应该有很多事不明白吧，尽管来问我。”

“在这里，你最好不要讲关西方言。有人听不懂。”

“我对这个业务更熟悉，所以听我的。”

当然，前辈们的这些建议都没有恶意，但并不适合在下属们都在的场合说（可以在只有两个人的时候说）。

上司的任务是管理组织。

如果下属因为年长一直以前辈自居，上司就无法完成管理任务。

如果还有人在面对年轻上司时，心里感觉不舒服，那就把和上司的相处当作和客户打交道吧。

试想一下，客户那边的负责人是个新人。你应该不会用自以为是的语气跟他说话吧，也不会突然提建议。相反，你应该会觉得“如果不在私下支持他的话，我的工作也得不到进展”。

同理，为了年轻上司，为了同事，也为了自己的工作，前辈们应该多传达有用信息，以便组织长久发展。

把年轻上司当作客户那边的年轻负责人，然后不露声色地给予支持。

07

没发现这两点，很容易怀才不遇

“上司什么都不懂。和不了解情况的上司说话，简直是对牛弹琴”，说这话就等同于在说“不懂我有多优秀的人都是笨蛋”。

◎不可不重视的两个偏差

职场中很多时候都可能存在这种现象。如果下属和上司之间产生偏差，那么这个下属就会成为“怀才不遇之人”。无论他怎么努力，都不会得到回报；无论他怎么发挥追随力，都不会顺利。

为了不白忙一场，不妨先来问自己两个问题。

【问题 1】

你对待工作的态度更接近于下面哪一个？

A：遵从上司的指令，认真完成。

B：针对上司的指令，思考有没有更好的方法。

【问题 2】

问题 1 中选 B 的人请回答。如果上司提出了一些无理的要求，让手下的人不知如何是好，你的内心更偏向于下面哪一个？

A：一想出好方法，就马上提出来。

B：即便想出了好方法，也要先听上司的想法。

如果追随力发挥正确，那么正确答案的组合应该是：

【问题 1】B（针对上司的指令，思考有没有更好的方法。）

【问题 2】B（即便想出了好方法，也要先听上司的想法。）

那么，我为什么要提这两个问题呢?

在我的追随力培训中，有些环节需要学员进行自我检查。其中，我就发现有个学员回答了自己在发挥“理想的追随力”,然而实际上,他在工作中的影响力并没有那么大。

这里就出现了偏差。

出现偏差后，无论多么努力，都不会取得成果。

第一个偏差是这个组合。

【问题1】B（思考有没有更好的方法。）

【问题2】A（觉得自己的想法比上司的更合理。）

我把这种类型称为“自以为是”。

想要超越上司的期待是好的，但上司应该不会领情。在缺乏全局观的前提下，只凭借眼前的事和自己手头的信息就提出建议，是很难通过的。要想有效地发挥追随力的作用，关键在于获取了多少信息。还有，必须弄明白上司觉得需要解决的问题是什么。

另一个偏差是:

【问题 1】A（只遵循上司的指令办事。）

这种类型的人,上司可能会希望他们多去找他谈想法。尤其当骨干员工属于这种类型时，上司就更会觉得他们少了点进取意识。

比如，公司内部举办了一场促销活动。

但是员工们的反应并不热烈。

此时，辜负了上司期待的人会批评这场活动，觉得它没意思。

没有辜负上司期待的人会在活动中努力做好自己的分内工作，但仅此而已。

超越上司期待的人则会站在上司的立场上来思考，纵观全局，思考该如何带动活动气氛，而这些原本都不是他们的职责所在。

弄明白上司需要解决的问题后，超越上司的期待！

CHAPTER

第二章

只有 3% 的人知道的“追随力”

01

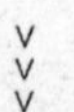

追随力到底重要在哪里？

“为什么那位著名的经营者——卡洛斯·戈恩会失控到这种地步？就没有能控制得住他的人吗？”所有人应该都有这样的疑问吧。

◎自上而下的模式已跟不上变化的速度

追随力是指下属支持上司工作的能力。

美国卡内基梅隆大学的罗伯特·凯利教授曾指出：“一个组织的成功，80% 是由下属的追随力决定的。”这样的说法未必是夸大其词，很多企业已注意到了这一点。

当时的美国正受双赤字（贸易赤字、财政赤字）问题所困，经济呈现衰退之势。纽约的洛克菲勒中心被三菱地所收购，处于好莱坞电影中心的哥伦比亚电影基地被索尼收购，位于火奴鲁鲁的阿拉莫阿那中心也被大荣收购，一些标志性的企业相继易主（现在无法想象）。

也是在这个时候，企业开始寻求能够纠正上司错误判断的角色。

在这样的背景下，商界开始弥漫一种“只靠领导者的经验已经行不通了”的说法。

而如今，这股追随力的潮流来到了日本。事实上，已经有很多大型企业要求我在针对中间管理层的培训中加入追随力培训了。这让我深切地感受到企业对具备追随力的人才的迫切需求。

那么，为什么日本到现在才开始急需追随力呢?

无疑是因为经营者们感受到了超乎想象的强烈危机感。他们意识到了上情下达的模式已不足以让企业生存下去。

战略判断、合规、工作方式改革……近年来，企业所处的环境发生了翻天覆地的变化。在这样一个时代，自上而下的模式已经行不通了——这已成为企业的常识。

现今，上司的经验及常识的过时速度正在加快。

◎不要错过潮流

瑞穗银行出现了一位34岁（入职第9年）的支行长，这事还上了新闻。

在这个事件的背后，我们可以看到，随着零利息、金融技术等术语的出现，现有的规则正在土崩瓦解，看年龄、工作年限的年代已经一去不复返。事实上，时任瑞穗金融集团社长、集团CEO的佐藤康博先生，也在公布中期经营计划时，表达了“废除年功序列制”的意图。

人事上的破格提拔，不只发生在瑞穗银行。不久前的新闻还报道过日本的麦当劳也出现了28岁的部长。而在以前，能晋升为部长一般都是40多岁之后的事。被提拔的人在接受采访时，是这样说的：“（大学毕业进入公司，自那时起）我记得当时日复一日地，每天在努力工作的同时，像念咒语一样地念叨‘我想要改变公司’‘我想要改变公司’。”

在另外的调查中，有人说在他入职的那个时期，提出异议需要很大的勇气。在这样的氛围中还能得到提拔，想来是因为他从新人时期开始，就一直在思考“我想要改变公司”吧。

就像这样，人事安排开始追求真正意义上的适材适所。分公司的人才成为总公司骨干这样的例子不胜枚举，我还听说有一个来自地方的女性在入职时是合同工，仅 4 年后被提拔为大型企业中某个部门的部长。

不只是年轻人，机会同样降临到了四五十岁的老员工身上。依旧是前文提到的瑞穗银行，一位 50 多岁的员工成为新分行行长，而这在以前，可能性微乎其微。

这些例子都发出一个信号，就是除了获得成果外，企业也开始关注能发挥追随力作用的人了。

企业现在急需的是能发挥追随力的人才！

02

掌握这两种能力帮你事半功倍

“客气”意味着不做，“谦虚”意味着思考自己能做的事。

无论是哪个年代，“客气”都不会受到赞扬。

◎提高两种能力

“你说得对，但我可能没有那么强烈的意识。”你也许会这么想。

请放心，从开始就有追随力的人只占 3% 左右。

日本的公司以前不重视追随力，出现这样的结果可以说是必然的。

接下来，我将介绍一些提高追随力的方法。这些方法在很多企业都取得了实际可见的功效。

首先，请看下图。这张图由两根轴（两种能力）构成，将追随者分为 5 种类型。

追随者的 5 种类型

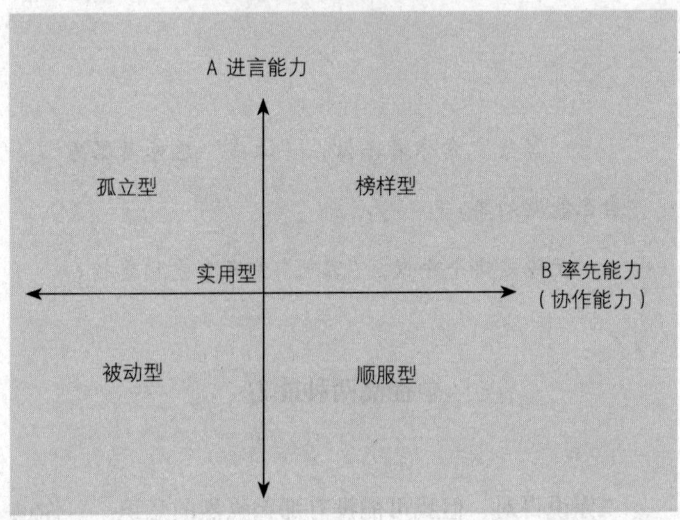

5 种类型，只要提高图上的这两种能力（进言能力和率先能力），就可以提高追随力。

先来讲解一下纵轴的能力，即向上司进言的能力吧。

进言能力，指的是如果在公司运作、业务、服务中发现问题，就应勇敢大胆地向上司反映，并提出解决方案的能力。

如果这种能力偏弱，就容易对上司言听计从，即便感觉上司说的有些不对劲，也会忽略，继续遵从。

而横轴代表的是自己率先行动的能力（协作能力）。

这种能力要求员工不局限于嘴上说说，一旦发现问题，就要跳出自己的职责限制，率先展开行动。缺乏这种能力的人，要么只会纸上谈兵，要么推一推动一动。

◎“在我们公司，这样做不行”是一种错觉

你也许觉得这在自己的公司很难做到。

有些公司确实弥漫着一种难以向上司进言的氛围。事实上，我也听到过“我们上司是个老古董”“上司自己就没什么干劲”等声音。

但是，你想错了。此时正是你展现自己能力的时候。

也就是说，如果必须有人来做，那谁来做呢？

确实，你的公司可能还在实行上情下达的做法。你的上司可能不会把你放在眼里。所以，这种情况更应该发挥追随力。

而如果建议提得好，就会受到周围人的赞赏。当然，如何提出好建议，本书也会一一介绍。

要点

难以说动上司时，便是发挥追随力的最佳时机！

03

追随者的 5 种类型

你的公司不存在问题吗？你是不是觉得总会有人去解决问题？30 个人里总有 1 个人在认真思考“自己现在能做些什么”。

◎追随者的 5 种类型

下面我将逐一讲解追随者的 5 种类型。

为了更好地理解，你可以将公司同事和自己代入进去思考，同时确认自己属于哪种类型。

【榜样型追随者】

→进言能力（√）/ 率先能力（√）

追随者的 5 种类型（1）

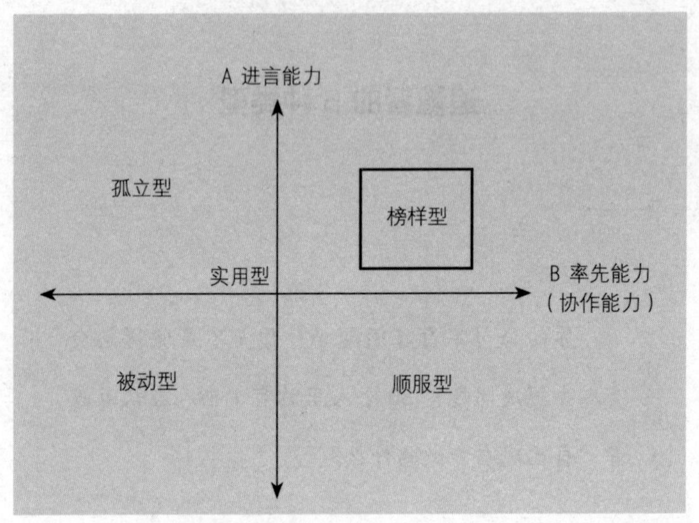

上图为榜样型的追随者。出现率在 3% 左右，即 30 个人里有 1 个人。这类追随者就像参谋一样，只要发现上司的不足和盲点，就会积极地补救。他们不会唯命是从，如果感觉上司有问题，就会直言不讳。有时候会代替上司行动，有时候又会在背后支持上司，方便上司行事。他们不计较自己的得失，总想着“自己不做的话，谁来做”。

【顺服型追随者】

→进言能力（×）/率先能力（√）

追随者的5种类型（2）

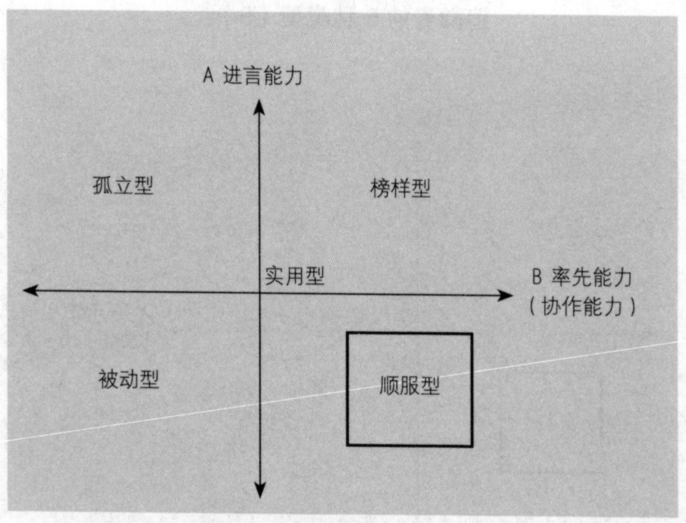

此图讲述了所谓的唯命是从之流，顺服型员工。只要是上司的吩咐，他们就会无条件执行。有时候，即便觉得命令并不合理，也依旧会执行。

他们会说："这是上司交代的事情，不做怎么行呢？"把遵从视作理所当然。

体育团队领导（会长）的不当行为、大企业的违规犯法，很多都是这类顺服型追随者助长的。

【被动型追随者】

→进言能力（×）/率先能力（×）

追随者的5种类型（3）

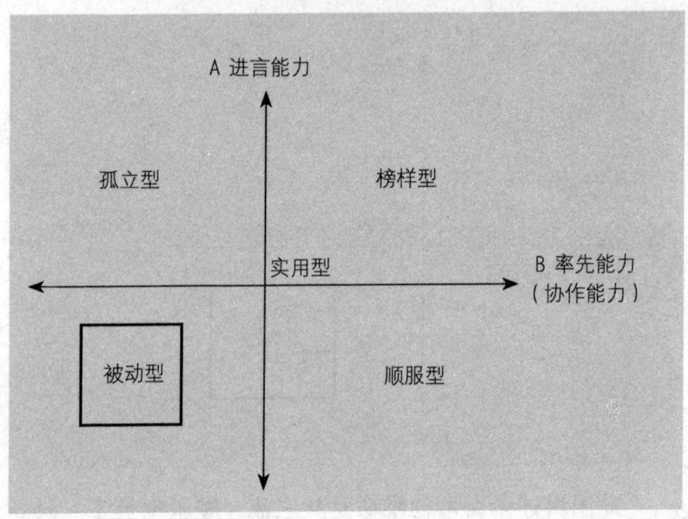

上图显示的是等待指令的被动型追随者。他们并非没有干劲，也想要完成上司交办的任务。但问题就在于他们太被动了。怕做了多余的事给别人添麻烦，这样的思维在他们大脑中已经根深蒂固。在上司看来，这种员工缺乏积极性和主动性。

【孤立型追随者】

→进言能力（√）/ 率先能力（×）

追随者的 5 种类型（4）

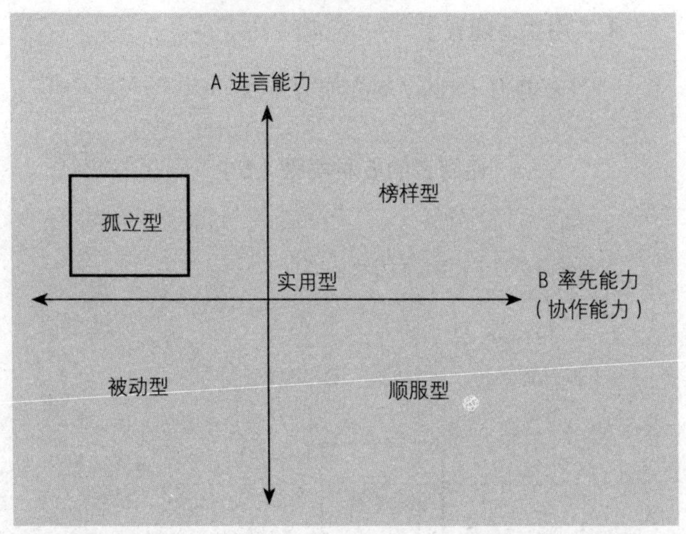

上图为孤立型追随者所处位置，他们虽然会出于好心，提出建议，但往往唯我独尊，即“我提建议，你负责执行”。这样的态度容易让自己被孤立。

孤立型员工中虽有部分人因为分工意识强烈，会进言，但认为率先行动是一种越权行为；也有员工因为缺乏和上司的交流沟通，不了解上司面临的难题，所以只会不停地向上司抱怨。

【实用型追随者】

→进言能力（△）/ 率先能力（△）

追随者的 5 种类型（5）

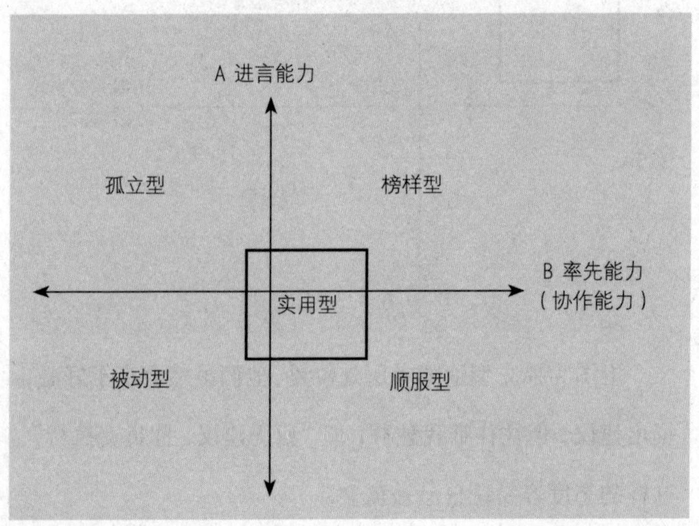

这种追随者乍一看上去，似乎是榜样型的追随者，但他们总是试图落实实用的、现实的“妥协之策”。我们可以把他们称作“官僚派”。如果骨干员工中有这种类型的追随者，那么企业就不可能开拓创新。因为这种人会觉得“这不现实”“那只是理想情况”，而企业本应推进持续性的发展。

请先确认现在的自己属于哪种类型的追随者。

04

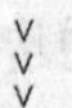

让本田宗一郎决定卸任的工程师

榜样型追随者不会局限于眼前的利益，他们往往会带着“我们应该怎么样”的使命感去思考问题。

◎榜样型追随者和实用型追随者的巨大差别

首先，需要明确实用型追随者和榜样型追随者的巨大差别。

实用型追随者为了不辜负上司的期望，会站在“How”（怎么做）的角度思考更好的方法。而榜样型追随者除了思考“How”之外，还会思考“What”（做什么），即“现在我们应该做些什么”。

下面介绍一个发生在二十世纪六七十年代有关本田技研工业的故事。

一位工程师在研读美国的论文时，看到了一篇讲述“大气污染会成为一个环境问题，政府已经开始商讨对策”的文章。

于是，这位工程师就想：“日本的大气污染问题也越来越严重了，以至于孩子们已经无法在外面玩耍。为了让孩子们能在蓝天白云下尽情玩耍，我们应该研发环保型的汽车。”

因此，在他的提议下，公司启动了环保开发项目。

在项目的推进过程中，本田宗一郎社长说道：“环保对策是千载难逢的好机会，可以让我们和‘三巨头’（通用汽车、福特汽车、克莱斯勒汽车）并驾齐驱！”

但是，工程师们却对社长的想法提出了异议：“环保对策是为了造福社会，而不是为了造福公司。”

1970 年，美国通过“马斯基法”，在全球汽车行业引起一片哗然。

该法规定，1975 年后制造的汽车必须将尾气中一氧化碳和碳化氢的排放量削减至 1970—1971 年的 10% 以下，否则不予销售。这是一条异常严格的强制性规定。

该法遭到了“三巨头”的强烈反对，它们均表示不可能实现。

但是，1972 年，日本的本田汽车，一个美国都不将其放在眼里的汽车后进国家的制造商，却达成了这个严苛的标准。

全世界都为之震惊。

这款车就是第一代 CIVIC（思域），凭借低公害的发动机和稀薄燃烧技术实现了低油耗，一时风靡全球。

其实，这个故事还有后续。

因为这件事，本田宗一郎社长下定决心，提出卸任社长一职。

关于决定卸任的原因，本田社长是这么说的：

“不知不觉间，我思考所有事情的出发点都变成了公司。年轻的工程师们让我意识到了这一点。优秀员工不断涌现，我想是时候把前线工作交给他们了。”

这个故事至今仍是一段佳话。

如果当时公司里只有实用型追随者的下属，故事应该就会有另一个结局了吧。他们会朝着更快的汽车这个方向不断迈进。这样一来，无疑会在低公害汽车的研发上落后于人。

那么，为什么区区一个工程师，其思想竟会比社长还要快一步呢？那是因为他一直在吸收包括美国的论文在内的优质知识。

要想成为优秀的追随者，必须吸收优质的知识。

如果只是兢兢业业、勤勤恳恳地工作，他应该察觉不到未来的趋势。

请试想一下，你投身的事业 5 年后还能依旧稳健发展吗？

如果答案是否定的，那么你应该做些什么呢？榜样型的追随者会认真地思考这个问题。而能做到的人只有 3%，即30个人里只有1个人。一开始的时候，你可以从走在前沿的公司的案例或商务图书中寻找线索。

越是行业环境变化莫测的时候，追随力强的人就越容易崭露头角。

请思考你现在真正该做的事情是什么。

05

“人事”“营业”两把抓

亚里士多德曾说过：“制造‘围墙’的不是对手，而是自己。”你觉得自己的职位就只能做到这一步，那只不过是你为自己制造出来的一面“围墙”。

◎“可能会碰触到社长的逆鳞，但是……”

这是关于一个我认识的营业部课长的故事。他是所谓的队员兼管理者。

在自上而下式的公司工作的他，认为如果不听社长的话，就无法在公司生存。

公司风气很特别，鼓励没有结果就离开的“业绩至上主义”和内部竞争。很多对这种风气感到厌烦的优秀人才相继离职……就这样形成了一个恶性循环。

没有优秀的人才，公司就无法发展。

公司已成立30年，最近却鲜少开发新业务。公司内部也充斥着不安情绪，觉得公司很难熬过5年。

正好在这个时候，那位营业部课长来参加我担任讲师的追随力培训，并在培训中听到了上文讲的本田技研工业的故事。

这个故事引发了他的思考：“如果是我，我会怎么做呢？”

培训结束后，他来找我商量。

“我觉得我们公司的问题在于只评价短期业绩。如果不把对组织或业务的贡献也列入评价对象，就会像近视眼一样，看不到远方，无法改革。但是我不知道该不该跟社长讲。我也跟直属上司谈过了，却只得到‘那太危险了’的回答。但我还是觉得要想有所改变，就必须跟社长说。”

我能理解他的心情。

因为一旦碰触了奉行“业绩至上主义”的社长的逆鳞，就很有可能被降职。

我建议他换个思路，看能不能创造一个交换意见的机会。

他终于下定决心，联系了社长。

后来，他成功地和社长面谈了。社长是这么回答的：“谢谢，原来是这样啊。你觉得该怎么办呢？”

一个月后，发生了一件意料之外的事。那个营业部课长接到了任命通知：“营业部课长，兼人事部部长。”

这是一个几乎不可能的兼职任命。

“只有你能做到，所以拜托了。”这是社长对他说的话。

◎独断专行的恐怖社长，也有同样的想法

为什么他冒着风险也要行动呢？我忍不住向他询问。

他说：“我冷静地想了想，觉得我是为公司提的建议，

不是为了一己私欲，所以没有理由被降职。只要说出来，肯定能说通，所以就去找社长面谈了。”

这种想法是榜样型追随者共通的想法。

只要说出来,他人肯定能懂,能够领悟到这一点很重要。

榜样型追随者都明白，自己和上司在更高维度上的目标是一样的。

不管是经营者还是上司，想要助公司更上一层楼的愿望是一样的。

当然，我们也需要思考该以什么样的方式去和经营者或上司沟通。一般来讲，像刚才那位营业部课长一样，采用交换意见的方式，几乎不会出现问题。

只要说出来，他人肯定能懂。

不管是经营者还是上司，想要助公司更上一层楼的愿望是一样的。

06

找对方法，5 年就能被提拔为社长

“我们的事”，这个表达方式反映了说话人的生活方式。以“我”为主语和以“我们”为主语思考问题，意义完全不同。

◎觉得自己的事可以先放一放时，人就变了

这是我朋友的话。

他在 35 岁前是一个普通职员，没有任何头衔。

他本身属于“远离晋升路线，我行我素”的人。即便同期进入公司的人晋升课长了，他也漠不关心，只管我行我素地工作。

但是，5 年后，他却被任命为一家大公司的社长。

其实他的志向并不在晋升，只是周围环境使然而已。

下面就介绍一下背景吧。

契机是一场危及生命的疾病。

他在病房和死神搏斗的过程中，想了很多。

“人真是出乎意料的脆弱呢。虽然我行我素也不赖，但如果就这么死了，我想我应该会后悔吧。我能拍着胸脯自信满满地说自己认真活过吗？”

后来他病愈出院，回到了公司。

在他人看来，之后的他就跟变了一个人似的。

时常和上司沟通交流，不断地改进工作方法，改进业务。

最值得一提的是，当公司即将和另一家公司进行商业合作时，董事会已经拍板决定了，时任课长的他却还是找到了一个董事，坚持要他重新考虑。他说：“模拟演练的结果显示风险太高了，和即将合作的公司也可能会关系破裂。所以我建议最好改变方式，不要选择合作，而是将一部分业务委托给对方。”

但是，这已经是板上钉钉的事了。

这个董事虽然心知他说得有理，却也觉得为时已晚。

于是他又向这个董事提议：“如果可以，我会向每一个董事说明情况。之后，您再重新考虑，怎么样？”

主动去做惹人厌烦的工作，这不就是所谓的吃力不讨好吗？

很少有人能做到这种地步。

不仅在这件事上，在别的事上，他也开始发挥追随力。

就这样，35 岁前还是普通员工的他很快被晋升为课长，2 年后又成为部长。最终又在 2 年后，被任命为大公司的社长。

我时不时地会看到“战胜 30 个人成为社长”的新闻，但他则是战胜了 500 个人实现了“大跃进”。

自那之后已经过了 10 年，他现在还是那家公司的社长，站在第一线指挥工作。

◎榜样型追随者之间共通的思想

和他聊过之后，我深感榜样型追随者们普遍有一个共性。

他这么说:“把自己放在一边,就无法做出正确的判断。把所有的事情都当作‘我们的事’来思考，就可以做出正确的判断。对于公司员工而言，‘我们的事’大多都是自己的事。虽然我行我素也不错，但用这种态度生活，早晚有一天会后悔吧。”

听了他的话，我发现发挥追随力还会影响我们的生活及生存方式。

要点

榜样型的追随者会把所有的事情当作“我们的事”来考虑。

07

如何改变顽固上司的想法

NASA 的宇航员迈克·马西米诺说："从宇宙俯瞰的地球，比天堂还要美丽。"但是光听他讲，我们无法感动。

◎"百闻不如一见"的效果

如果上司是一个墨守成规的人，该怎么办呢？

你的公司会有那种说"我们公司绝对不可以那样"的老顽固吗？

用嘴说不行的话，就展示给他看。这叫百闻不如一见。很多时候，亲眼看到后才会被打动。这是一条领导力理论的不变法则。美国哈佛大学商学院的名誉教授约翰·科特也提到过。

科特是这么说的："想要改变一个人的意识，'诉诸感情'比'诉诸理性'更有效。"换言之，即鼓励展示。

科特在其著作中，介绍了一个案例。该案例发生在一家公司。当时这家公司的各种材料都是由各个工厂自行订购的，但是，考虑到人力和成本，由总部统一订购明显更合算。于是，总公司就想让各个工厂的领导意识到他们的成本意识有多低，并对此产生危机感。

当时总公司采用的方法就是展示法。

总公司将各个工厂分别采购的 424 种手套全部整齐地排列在董事会的桌子上。请想象一张手套堆砌成山的桌子，应该会很有冲击力吧。

各个工厂的领导看后纷纷表示："我们真的买了这么多种类的手套吗？"

◎某酒店主任采取的对策

我采访过的一家酒店也发生过一件体现展示效果的事情。这家酒店在当地算是一家老字号酒店了。在那里举办派对、婚礼就是一种身份地位的象征。

后来，顾客人数不断减少，销售额也降到了顶峰期的一半以下。

正好在那个时候，当时 31 岁的其主任跳槽来到了这家酒店。

当他在某场婚宴上看到摆在桌子上的整条鲷鱼干巴巴、冷冰冰时，他觉得："在今后的时代，这样是不行的。"于是，他去征求了厨师长的意见。结果厨师长一口回绝了他，对他说："宴会菜就是这样的。"

他没有就此放弃，而是决定邀请厨师长一起去一家很难预约的人气餐厅吃饭。于是有了这样的对话。

主任："这家店人气很高，都预约不到。"

厨师长："菜品的确很美味。"

主任："我觉得厨师长肯定能做出比这更美味的菜来。"

厨师长："……"

主任："如果是厨师长您做的菜的话，我们宴会部有信心可以招揽到更多客人。我们把酒店打造成一家可以通过菜肴吸引客人的酒店吧？”

厨师长：“好主意。”

就这样，固执的厨师长着手开发新菜单。

他们的努力没有白费。现在，这家酒店除了举办宴会之外，还吸引了很多客人专门前来用餐。

怎么样？展示的方法还有很多。既有上述那种展示现场、实物的方法，也有图表展示、将客户的反映做成视频、开展问卷调查等方法。

如果你的上司很顽固，就记住这种方法吧。

通过展示，让顽固上司动起来！

CHAPTER

第三章

提高追随力的习惯

01

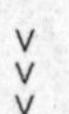

前 3% 的精英怎么做？

部长现在想要解决的问题是什么？社长现在在想什么？工作时不仅听从上级指挥，还要换位思考。如果自己是上级，会怎么办。

◎工作时不仅听从上司，还要站在上司的立场来对待工作

比如，你现在是营业部的一个组长，以现有水平不足以向上司提各种建议，以实现自己小组的目标。此时，要想发挥追随力，关键在于站在比自己高两个级别的上司的视角思考问题。即如果自己是部长、如果自己是社长会怎样做，这样的思维方式在发挥追随力时至关重要。

如果自己是上司，会怎么办？这和听从上司指挥工作截然不同。需要你跳出职务、级别的限制，单纯地思考如果是自己，应该怎么做。

这么一想，也就不难理解为什么榜样型的追随者只有3%了。

那么，接下来就来检查一下你的情况吧。

我在下一页准备了20条（A：进言能力10条+B：率先能力10条）确认项目。

请在符合自己的项目后打勾，然后计算出总分，并对照后边的矩阵图看自己属于哪一种类型。

确认过这20条后，你可能会觉得标准超乎想象得高。但榜样型的追随者需要满足的标准就是这么高。一开始的时候，我也曾因为没有发现这些标准而误解过上司的意思。

“可以多来找我。”前文中提到过，这是我还在公司上班时，上司对我说过很多遍的话。当时的我一头雾水，非常困惑。因为我每周都会和他约时间汇报工作，不明白还有什么理由去找他。

A：进言能力

1	当部门出现问题时，会勇敢地向上司提出解决方案。	□
2	预计所属组织的目标无法完成时，会向上司提出对策。	□
3	已经发现部门里隐藏在“水面”下的问题（通过和同事的交流）。	□
4	针对这个隐藏在“水面”下的问题，向上司提出解决方案。	□
5	为了掌握部门里的问题、课题，会和直属上司约时间交流。	□
6	为了掌握部门里的问题、课题，会和比自己高两个级别的上司约时间交流。	□
7	平时会研究公司内其他部门的成功案例，从中寻找值得参考的内容。	□
8	平时会通过读报、看书、采访、参观等方法，研究公司外部的成功案例。	□
9	不管遇到什么样的上司，都会直白、真诚、无所顾虑地与其沟通交流。	□
10	为公司的现状担忧，觉得自己必须做点什么。	□

A 的打√总数为 □

B：率先能力

1	是上司和同事之间的桥梁（让上司了解到同事的不满）。	□
2	当部门出现问题时，自己会带头主动解决问题。	□
3	在开会等场合，上司说完后，会积极地提问，并提出建议。	□
4	当同事无法接受上司的想法时，自己会主动和同事交流沟通。	□
5	为了方便上司或同事推进工作，自己会做好和相关部门的对接工作。	□
6	上司推出方针政策后，会向上司确认自己能给予怎样的支持。	□
7	会替上司分担部分领导的工作。	□
8	上司将重要的项目交给了自己。	□
9	和部门的同事关系良好（如果同事不相信你，就不会接纳你）。	□
10	觉得自己在大多数情况下都会不受职务、级别的限制而去发挥影响力。	□

B 的打√总数为□

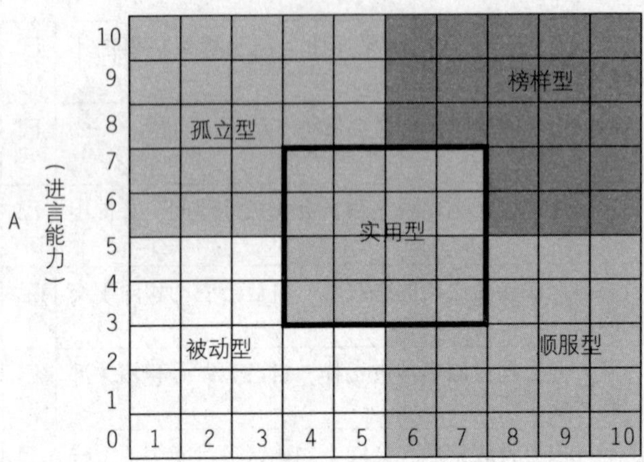

如果当时的我知道这些确认项目的话，应该就不会感到困惑了吧。“可以多来找我”，不是让你去找上司汇报、联络、商量工作，而是去听听上司的想法，或摆脱职位的限制，向上司指出工作中需要改进的地方。如今，我已经明白了这句话的真意。

先掌握榜样型追随者必须达到的标准吧。

02

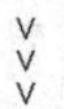

如何让上司能听进去你的话

官员因为害怕不敢对国王说他没有穿衣服，而是撒谎说：“这套衣服真是漂亮啊。”相信了他们的说辞的国王，就这样全身赤裸地开始了游行。（《皇帝的新衣》）

◎下属让上司成长

成为上司之后，各种难题就会接踵而至。在和下属一起处理这些问题时，如果下属每次都毫无忌惮地提出“从这个角度来思考怎么样”等建议，上司就会觉得这个下属非常可靠。

下属中也不乏唯命是从之辈。对于上司而言，这类人虽然相处起来轻松，却无法去依靠他们。

只会提供自己意见的下属也不可靠，因为他们缺乏全局观念。

能让上司依靠的是像参谋一样的下属，即会提出上司也没有察觉到的新课题的人。

那么，他们为什么要特意提出来呢？

这类人都具备一种相同的思维，即给上司一点信息或线索，然后加以“正确地引导”。这种行为在“教练学”中叫教导上级。

接下来，我要介绍一个企业家的故事。

他就是担任过GE副社长、LIXIL社长的著名企业家藤森义明。他认为身边没有谏言献策的人是企业最大的危机，所以他聘请了一个可以信赖的人做他的教练。

管理层和干部会害怕自己做出的判断脱离实际，也总是在思考自己的言行如果有违下属的期待，会带来怎样的风险。即便不聘请教练，只要下属能发挥追随力，也可以随时帮自己“修正”轨道。

你的上司应该也在期望你发挥追随力。但他们也是真心不想受到下属的责难（几乎所有人都这样）。所以，在这里我要推荐一种表达方式——DESC 法。请尝试一下。这是一种照顾对方情感的语言技巧，非常有名。对话流程如下：

D（描述：Describe）：告知事实“最近加班变多了”；

E（意见：Explain）：阐述意见“照这样下去，可能会有人辞职”；

S（提议：Specify）：提出方案“可以采取这样的对策”；

C（选择：Choose）：让对方选择“部长，您怎么看”。

按照这个流程来说，上司定会欣然接受。

当上司的判断产生了偏差，或上司无法设定一个有效的课题时，建议你找机会和上司交流一下意见。届时，请用 DESC 法和上司谈。

【进言能力的 4 个等级】

我依据执行 DESC 法中的“S（提议）”时说的内容，将进言能力划分为 4 个等级。

等级 1：积极的人——只说意见；

等级 2：自主的人——提出解决方案；

等级 3：支持的人——了解上司的课题后，努力去解决；

等级 4：参谋级的人——暗示有了新发现（“教导”上级）。

你可以从等级 1 开始，然后逐步进化到“培养”上司的等级，即等级 4。届时，你将发挥更大的影响力。

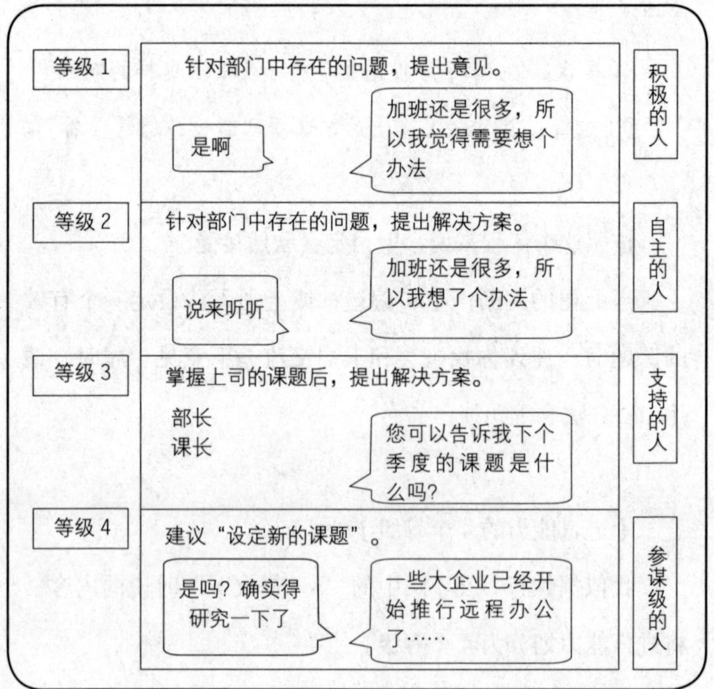

03

如何避免进言化为泡影

“不知道是不是因为有什么‘特别在意’的地方，我的上司根本不听他人说话。”此时，你决不可放弃进言，首要任务是弄清楚上司在意的是什么。

◎正确的进言未必会通过

没有人会期望在费心进言后，自己的话被别人抛诸脑后。年轻的时候，我也失败过。

“我们要不要参考一下隔壁部门新推出的服务呢？”

我提出了自己的建议，然而不知为何，上司却面露不虞之色，说道：“我倒是觉得那个服务没什么品位。你觉得它还不错，说明你的品位也还有待提高啊。”

我的想法并没有错，只是不符合上司的价值观而已，以至于煞费苦心的进言最终化为泡影。

其实，当时的我刚调到这个部门，还没有和上司深入交流过。

为了避免劳而无功，进言时，需要事先掌握上司的行为习惯和界线，这一点至关重要。

◎如何避免成为劳而无功的下属

你是不是觉得这样做很麻烦？我以前也这么觉得。当时，我真的很讨厌麻烦的上司。但是，这是不对的。因为其他人都会处理好与上司的关系。问题出在自己身上，而不在上司。为了避免劳而无功，必须事先确认上司的情况和面临的课题。那么，该怎么做呢？

进言前多做一步，确认上司面临的课题是什么。

做法如下：

多方确认上司的情况、课题。

假设你正在思考是否可以减少工作上的加班。

这时，你听说某个公司采取了一到晚上7点就让电脑自动关机的措施，并卓有成效。于是，你就想建议上司也这么做。

但如果上司不觉得加班是个问题，那你所做的努力就白费了。

因此，进言之前，你需要先确认加班本身是否有问题。

“加班情况至今也没有得到改善，您觉得它是个问题吗？”（是个问题，想要解决。）

“要想解决，您觉得必须做些什么呢？”（必须采取措施，让大家尽早回家。）

“如果是这样，我有一个很有意思的方法，就是到了晚上7点……”

只需这样一步步引出主题即可。

除此之外，你也可以在平时向上司多了解有关课题内容。

如果有机会面谈，就在最后多争取3分钟左右的时间，问问上司觉得现在的部门存在什么问题。毕竟上司很忙，没时间多聊。利用谈话最后一点点时间，进行反向面谈，也是榜样型追随者的惯用手法之一。另外，你还可以利用休息时间或午餐时间，询问上司有关部门工作的问题，比如“您觉得最近各个部门的工作处于什么状况？”这样一来，你就可以掌握上司正在思考什么了。

自己认真提出的建议却被否决肯定会让人不爽。所以，请务必正确掌握上司眼中的课题。

事先掌握上司眼中的课题，是避免劳而无功的秘诀。

04

善用“逻辑”帮你达成目的

◎毋庸置疑，胜负的关键在于能否察觉奇怪

“上司应该喜欢这样的发言吧”“上司应该喜欢那样的行为吧”。

你身边是否有这种喜欢迎合上司的人呢？一贯地迎合上司，不仅不能解决组织的问题，反而会让问题加剧。不仅如此，还会失去同事及上司的信任。上司不是傻瓜，看到有人一味地迎合自己，也会觉得这个人不行。

唯命是从的人可谓百害而无一利。他们思考问题时往往将焦点放在“立场”上。

然而，比起立场，更应该重视效果。

此时，能否逻辑清晰地思考问题至关重要。

具备清晰的逻辑思维后，可以对上司的判断迅速进行分析。这将更有利于你向上司进言。

要想逻辑清晰地思考问题，方法很简单。时时抱有下面的疑问即可。

无论对方是多么厉害的上司，也要在心中默默问自己："真的是这样吗？""没有别的方法了吗？"

比如，身经百战的营业部课长说："为了达成目标，必须增加电话访问的次数。"

但是，除了增加电话访问的次数之外，应该还有别的方法来达到目标吧。

要想提高纵轴所代表的进言能力，就必须养成批判性思考的习惯。要敢于质疑，即便是上司说的话，也要批判性地思考，绝不可盲目地全盘接受。

◎运用逻辑树来思考

这时，运用逻辑树来思考，可以让你的条理变得更加清晰。

所谓逻辑树，就是指下图中央的“树形图”。它可以帮你更快地思考是否还有其他方法。比如，用逻辑树来思考增加销售额的方法。

运用逻辑树（树形图）来思考，就能发现被忽略的因素。

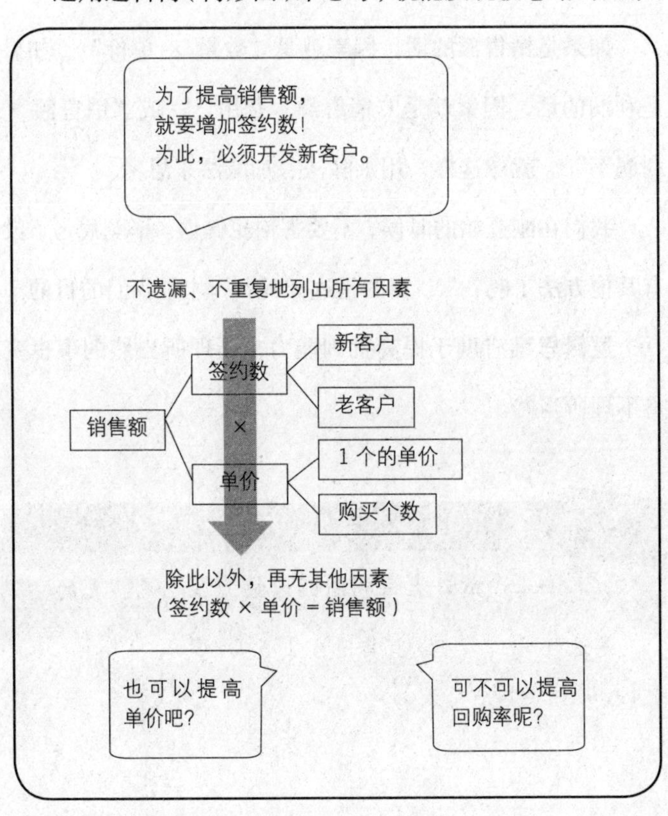

当我们像这样画出逻辑树后，就能发现别的影响因素。

有的朋友可能会觉得逻辑树很难画。

其实这当中的诀窍就是将所有因素（至少是最初的分枝）无遗漏、无重复地尽数列举出来。

如果是销售额的话，因素就是“数量 × 单价”。如果是利润的话，因素就是“销售额 - 费用”，或“销售额 × 利润率”。就像这样，用乘除法、加减法来思考。

我们在刚开始的时候，不要害怕犯错误。毕竟思考“没有其他方法了吗？”“真的是这样吗？”才是我们的目的。

逻辑思维有助于提高批判能力，让理所当然的事也变得不理所当然。

请养成质疑上司判断的习惯，多思考“真的是这样吗？”“没有其他方法了吗？”

05

“上司的上司”怎么看？

如果只是作为参与者有过相关操作经验，但缺少比自己高两个级别以上的领导管理经验的话，仅凭想象我们可能很难付诸行动，我们可以依靠“地图”来指引。

◎如何想象未曾经历之事

我们常说追随力的关键是站在比自己高两个级别以上的上司的角度看问题。说起来简单，但想象从未经历过的事其实很难。第一次去一个陌生的地方旅游时，地图肯定是必备品。同理，想象从未经历过的事情时，也需要一张“地图”。这张地图就是业务框架。

知道框架后，别说是两个级别以上了，你甚至还可以从三个级别、四个级别以上的角度来思考组织、业务等工作上的各种问题。

下面就来介绍两个具体的框架案例吧。

①能快速掌握组织的课题

【框架】7S

这是一个万能框架，包含 7 个因素，它们都是把握组织课题时需要考虑的。

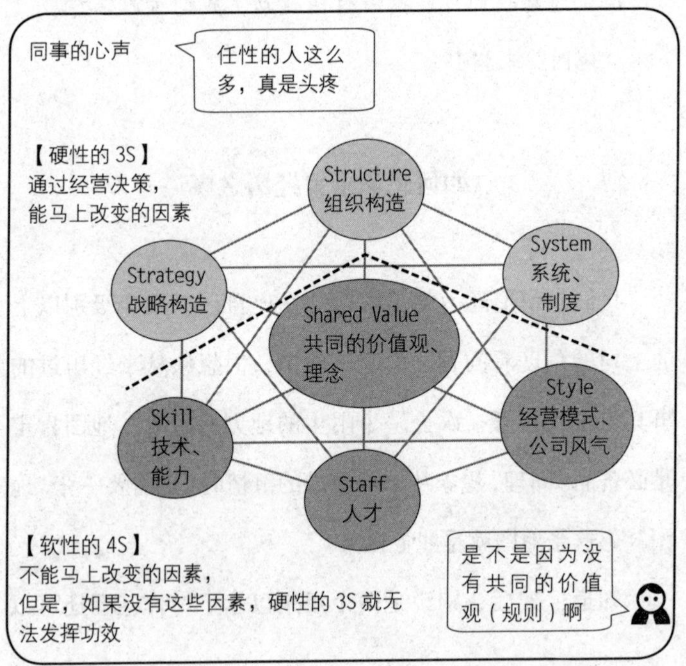

②能够掌握管理是否正确

【框架】平衡计分卡

这个框架可以帮你通过财务、客户、公司内部（业务）流程、学习和成长的联系，掌握关键路径（通向结果的重要路径），并决定应该管理什么。

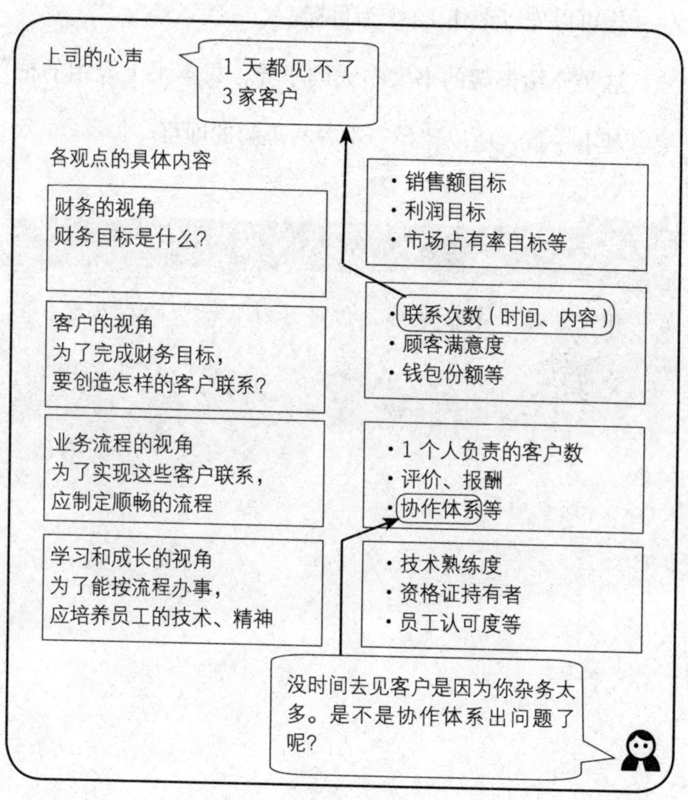

除此之外，还有很多别的框架。

网上虽然也可以找到一些，但大多很难明白其用途。所以，你最好买一本有关业务框架的书。如果你留心观察的话，可能会发现不止 70 种框架，我算了下自己常用的框架，结果只有 45 种。所以你也没必要把所有业务框架都记住，你可以先以记住 10 个为目标。

这类介绍框架的书大多大同小异，每本书上介绍的框架也基本一致，所以选择一本容易理解的即可。

要点

学习业务框架后，你将可以从社长的视角看公司。

06

应对层出不穷的新工具

无论有多少邮递马车，你都不可能将它们排成一条铁路。

——约瑟夫·熊彼特

◎挑战新思维

要想成为榜样型追随者，必须满足一个条件，即思维走在“经验”前面。

“这个方法在之前的工作中卓有成效。怎么样？”如果仅凭经验来提建议，那就不可能成为那3%。因为你的思维受制于经验。

20年前，DM（直邮）作为一种有效的市场营销手段盛极一时。但如今，市场营销最常用的手段已变成社交软件，邮件已过时。能否跻身那 3%，关键在于你的思维能否超越经验，即能否从没经历过的事情上获取灵感。

那么，要怎么做才能超越经验呢？答案就是不受限于现在的部门，多接触公司内部、公司外部的“最佳实践（成功案例）”。

以市场营销手段为例。随着 5G 的诞生和普及，通信速度有望变成 4G（LTE）的 10~100 倍。届时，市场营销的手段很有可能变为视频、网络直播。要想成为那 3%，就必须对此有预见性，并从现在开始实践这些手段。

再举个例子。假设你就职于营业部，日常工作是通过电话访问开发新客户。那么仅提出电话访问的改善方案是不够的。

了解别的公司的成功案例后，灵感就会喷涌而出。

· 是否可以利用 SEO（搜索引擎优化）或点击付费广告，增加网络客户？

· 开发代理商能否加快开发新客户的速度？

·并购（M&A）后，也许就能消除时间和人力的浪费了。

·着眼于5G时代，是否可以尝试视频营销？

这些都是从未尝试过的大胆选项，而能想到这些选项至关重要。

◎提高对公司内部成功案例的敏感度

另外，公司内别的部门的成功案例也是有效信息。

所以，开展跨部门、跨业务的行动也很重要。比如平时多接触其他部门的人、如果对某个成功案例感兴趣就去问问等。

曾经有一个人让我感受到了有社长之才的人果然与众不同。当时，我还在上一家公司负责新业务，一次使用了某种方法，令销售额暴增。事后，一个关联公司的员工联系我，向我请教这个方法。这个员工30岁左右，刚进入管理层，非常年轻。据他说是看到了公司内部报刊上刊载的报道，才联系我的。他真是一个行动力强、嗅觉又敏锐的人啊，令人佩服。果然，他表现优秀，后来被猎头挖走，30 多岁就成为东证一部上市公司的社长。

◎能干的人为什么会浏览报纸和商务图书

在培训课上，我有时会问学生：“你平时会看日经报纸或地方报纸、商务图书、专业杂志吗？”

经确认，参加我培训课的学生中，只有 10% 左右的人会阅读。

输入少的人只能基于经验思考问题，所以基本不可能成为榜样型的追随者。在上一章中，我介绍了本田技研工业一位工程师的故事。他在研读美国的论文后，发现了环境对策的必要性。所以，你需要通过优质的输入，发现别人发现不了的问题。

经常有人问我：“看网上的新闻不可以吗？”网络新闻大多信息量不足，或者只是评论家的个人看法而已。如果你想成为能运用信息的人，而不单单只是博学，那么请记住，除了网络新闻外，还必须输入图书或报纸上的信息。

请持续输入优质信息，让思维走在经验前面。

07

提高“率先能力”

现在，很多员工都会把溅在洗手台上的水擦掉。而在以前，他们总觉得别人会去擦掉。可见员工的意识发生了变化。

——某实现了 V 字形复苏的服装公司社长

◎“这种想法可不行啊”

“这种想法可不行啊。”

这句话出自一个接待客户的饭局上。出席的人有接待方公司的社长、部长和主任，以及被接待公司的社长、部长和主任，共 6 人。挑起这个话题的是接待方公司的主任。

“我们公司已经落后于时代了啊。加班依旧被视作理所当然……”他是本着谦虚或缓和气氛的目的说这句话的。但是被接待方的社长却一脸无语地问道：“你想要怎么解决这个问题呢？”主任回答道：“唉，这是人事该考虑的事。”“这样的想法可不行啊。”事情的来龙去脉就是这样。

是否觉得部门里出现的问题应该由自己来解决，是一个很重要的分歧点。

当部门出现问题时，应该要想自己能做什么，而非总会有人去做的。第一种思维才是提高率先能力的关键。

面对部门或业务上的问题时，不能期待它们会“自愈”。

你要抓紧时间主动去治疗。这才是那3%的人的思维模式。

◎掌握率先能力的等级

我将率先能力分成了4个等级。

在大多数情况下，等级1、2、3的人也会获得良好的评价。但如果你想跻身那3%，就必须做到等级4的代行领导工作。

等级 1：积极的人——会在开会等场合，提问或提意见（不沉默）；

等级 2：自主的人——成为上司和同事之间的桥梁（传递信息）；

等级 3：支持的人——为了方便上司和同事推进工作，会四方协调；

等级 4：参谋级的人——在某些业务上，代行领导的工作。

怎么样？自己该做什么是不是一目了然了呢？现在无法马上到达等级 4 也没关系。你可以给自己设一个期限，比如半年、一年，然后去努力尝试。

遇到某个业务时，自己要主动请缨担任领导，而不是等待任命书——这样的积极性是公司领导都乐于看到的。早起的鸟儿有虫吃，先下手为强，这样的精神至关重要。

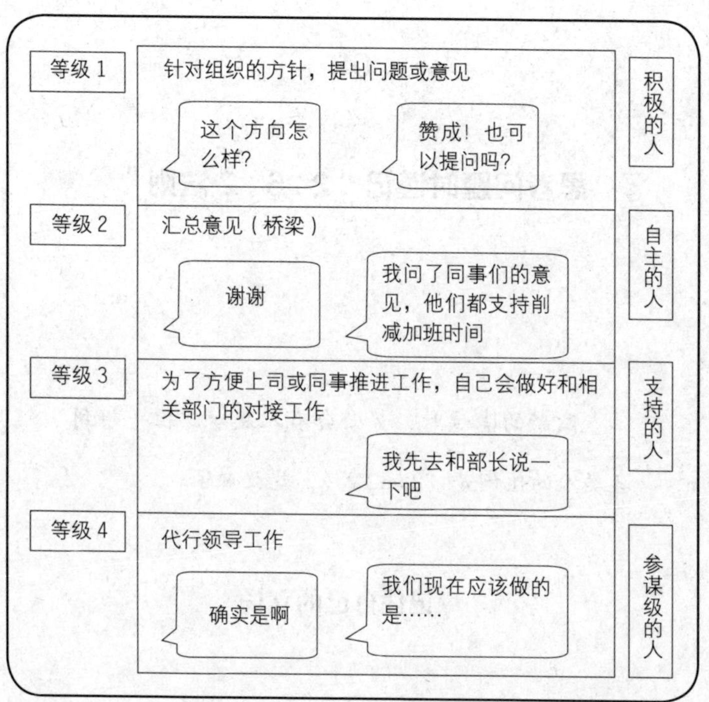

部门里的问题，不要指望“别人来解决”，要“自己主动去解决”。

08

思考问题时谨记“2∶6∶2 法则”

做新的尝试时，势必会有人反对。但一想到各类人的比例是“2∶6∶2”，就放心了。

◎记住自己的立场

你知道“2∶6∶2 法则”吗？

这项法则是指在整个部门同事中，积极的人占 20%，随便的人占 60%，反对的人占 20%。

在面对上司施行方针时，也是如此。率先行动的人占 20%，见机行事的人占 60%，反应消极的人占 20%。

当你认定一件事是组织必须要做的事情时，就应该带着前 20% 的人应有的觉悟，自发采取行动。这非常重要。

举个最简单易懂的例子。当你所属的部门难以完成目标时：如果是营业部，可能是部门或科室的营业目标；如果是商品企划部，可能是商品的销售目标。

中间 60% 的人会见机行事。

也就是说，如果他们觉得部门真想要完成目标，那他们自己也会踩一脚油门。如果他们觉得部门似乎并不十分在乎能否达成，那他们就会得过且过。换言之，这 60% 的人会根据部门的形势来决定自己该怎么做。

在这种情况下，如果你想跻身那 3%，光成为前 20% 的人是不够的。即便部门整体并没有那么在乎，自己也应该率先发动同事，一起思考对策。

中间 60% 的人往往觉得自己是自己，组织是组织。

但榜样型的追随者总是以“我们”来思考问题，在他们眼里，自己和组织是一体的。对于想要跻身那 3% 的商务人士而言，这样的思维至关重要。

◎说服后 20% 的人，是你的工作

组织改变方针时，势必会有人反对。那就是前文提到的后 20% 的人。后 20% 的人排斥改变，所以往往听不进上司的话。这时，负责说服他们的重任，就落到了前 20% 的人的肩上。

我也遇到过同样的事情。那时，我刚进入管理层不久。在我推出新方针后，一位老员工对我说："您来之后，新工作增加了，弄得我快喘不过气来了。"反复沟通后，我和他陷入了僵局。他有点意气用事地说："我就是不想做讨厌的事情。但如果你坚持让我做的话，我也会做。"于是，我去找赞同我的员工（前 20%）商量。结果，一位员工跟我说："那我去跟他说说吧。"

比起上司，同事的话更容易听进去。

"现在如果不改变，今后就会很严峻。"同样一句话，如果出自同事之口，就很容易接受。如果是出自上司之口，就很可能让听者感到不安，觉得自己要被开除了。

就像这样，如果有人排斥，你就抓住机会替上司去沟通。如有必要，再说服他。这也是一项很重要的工作。

只靠领导，组织是无法正常运作的。只有当前 20% 的追随者发挥自主性时，组织才能健全地运作。

要想成为那 3% 的人才，首先应拥有前 20% 的人的觉悟。

要点

代替上司说服组织内的反对派，也是榜样型追随者的重要职责之一。

09

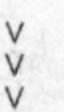

拥有“先将自己的事情放一放”的意识

“这个不能放任不管。”——当拥有这样的意识时,人就会变强。发自内心地觉得公司的同事、客户重要时，你就再也无法对他们放任不管了。

◎为谁发挥追随力

“为了发挥追随力，有必要做到这种地步吗？”也许有人会这么想。很多发挥追随力的人，不是为了出人头地。你是为了谁，为了什么而发挥追随力的？——不找到这个问题的答案，就无法将能量完全释放出来。

为了自己。

没问题。你可以为了自己发挥追随力。这和个人主义、任性妄为不同。很多领导都会说下面两句话。

“我没有牺牲自己的打算，也不准备为了什么做贡献。只不过，看到别人开心的样子、成长的样子时，我自己也会感到开心。”

“既然知道放任不管不会带来好结果，那索性就自己解决了吧。”

也就是说，如果你能悦人之所悦，那么发挥追随力就会成为一种自然而然的行为。有这种想法的人和没有这种想法的人，影响力自然不同。

◎追随力可以后天培养

我也有过类似的经历。我本身属于选手型的员工，所以脑子里想的全是如何提高自己的业务能力，而不是为了组织自己能做些什么。

“组织是组织，我是我。”这是我刚进入社会时的工作态度。但是，后来发生了一件事情，令我的态度发生了180度大转变。因为偶然一个机会，当时没有一官半职的我撼动了整个组织。

这已经是20年前的事情了。那时候，所有公司都是加班频繁。我工作的地方也是。有一天，我听说一个和我同期进入公司的人因为过劳被送进了医院，感到非常惊讶。

同一时期，我的前辈也因为过劳进了医院，甚至还有前辈吐血住院了，据说是因为压力性胃溃疡。事态发展到如此地步，我不能袖手旁观了，想着必须马上解决这个问题。我觉得自己做起来会更快，于是就去找分公司社长商量。现在想来，那可是连跨四级的越级谈判。当时，我全身充满了莫名的能量。

分公司社长一只手拿着笔记本，认真地听了我的想法。一个月后，全公司削减加班委员会正式成立，公司毅然决然地开始削减加班。

当时我就想：“发声很重要。每个人都有提意见的权利，即便没有任何职位，也可以撼动组织，所以不能只是抱怨。”

自那之后，我对组织的看法就发生了明显的变化，认为就算是自己，也可以改变组织。不管自己是什么职位，有什么头衔，都要发出自己的声音——这次成功的经历，改变了我后来的商业观。

你工作的部门存在不可以放任不管的问题吗？

如果有，那我强烈建议你主动采取行动。

你的力量可以影响整个组织。

如果你现在工作的部门或组织存在不能放任不管的问题，那就由你来发声吧！

CHAPTER

第四章

如何解决职场上的“复杂问题”

01

∨∨∨

成为能发现“潜在问题”的人

如今这个年代，商场波谲云诡，风云变幻。如果总是得过且过，那么只需 3 年，地位就会发生翻天覆地的变化（这是大约 50 年前松下幸之助对员工说的话）。

◎成为能发现问题的人

无论哪个年代，经营的辞典里都不存在“稳定”一词。

松下集团的创始人——松下幸之助先生的话说明了这一点。亚马逊的 CEO 杰夫·贝索斯也曾断言：“亚马逊终有一天会倒下。”

你公司的社长是否也说过“现在请务必抱有危机感”

这样的话呢?

活跃在一线的骨干员工们也必须尽早发现问题，以免为时已晚。那么，要怎么做才能早早地发现问题呢?我在第三章中介绍过一个卓有成效的方法，就是通过优质的信息输入，发现现状的不足之处。除此之外，还有一个方法。

想象3年后的事情可能有点困难。那就先试着预想一下一年后的情况吧。然后再养成下面的习惯:

为一年后“打分”。

先来尝试一下吧。请想象一年后的情况，回答下列问题:

一年后，你工作的部门是否完全满意?（满分10分，你打几分呢?）

一年后，客户对你公司提供的服务是否还满意?（满分10分，你打几分呢?）

你也许无法马上回答出来。但分数其实并不重要，多少分都可以。

这里重要的是你是否会习惯性地预想未来，并思考该弥补哪些因素才能获得满分。

我也经常在我的追随力培训课上问这两个问题。然而迄今为止，没有一个学员打过满分 10 分。哪怕是营业额和利润连续 10 年创新高，曾被媒体报道过的超优良企业的员工，平均也只打 6~7 分。

年年业绩都令人欣羡的企业的员工，也是如此。但重要的不是分数，而是发现潜在问题的能力。

◎提高危机感的精度

如果只是自己的预想，就有可能偏于主观。为了提高精度，除了自己评价外，你也可以去询问同事、上司或客户。如果只有自己的评价，就会不可避免地出现偏颇。

方法有两个。

①一个是通过交谈询问；

②一个是通过调查（问卷形式）确认。

我的建议是通过交谈来询问客户满意度，通过定期调查来掌握部门情况。因为客户觉得不满意或不方便的地方大多没必要特意说出来。如果采用问卷调查的形式，大概率是得不到答案的。而公司内部的问题则建议采用问卷调查的形式。通过下属、同事、上司的回答，你不仅可以定期、全面地掌握组织的潜在问题，还能跟进改善进度。

至于调查的方法，不用大张旗鼓，使用免费的问卷调查工具即可。比如调查猴子（Survey Monkey）。免费的基础套餐可以使用设置问题的模板，非常方便。

有能力的人会将问题视作成长的机会，而不是负面的东西。

在他们看来，没有问题反而更令人恐慌。就算是掘地三尺，也要找出问题来。这样的姿态，可谓经营者精神。

思考部门或业务一年后会是什么情况，就能及时发现问题。

02

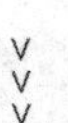

从会议室座位开始，学会解决难题的正确步骤

在关西一家满座的咖啡店的收银台前，3位等座的客人正在发火。“还没满座吧！柜台前座位不是空着吗？”店员却先入为主地以为“3人一起的话，应该会要一张桌子”。

◎解决难题的正确步骤

最近，所有公司都面临着会议室不足的问题。这个问题让很多部门伤透了脑筋。此时，向上司建议借用外部的会议室也不失为一个良策。如果只是这样，就说明你的调查验证工作没有做到位。因为如果找到了导致会议室不足的真正原因，也许就可以不用租借外部会场了。验证的步骤如下：

步骤一：设立假说（解决问题的关键也许就在于此）；

步骤二：仔细了解真实情况（认真调查一次）；

步骤三：设定新的假说（课题）（这样做，说不定行得通）。

按照这个步骤来思考，再复杂的问题也可以得到解决。

◎精明能干的总务员工

故事发生在一家巨头企业——钻石在线。这家公司曾

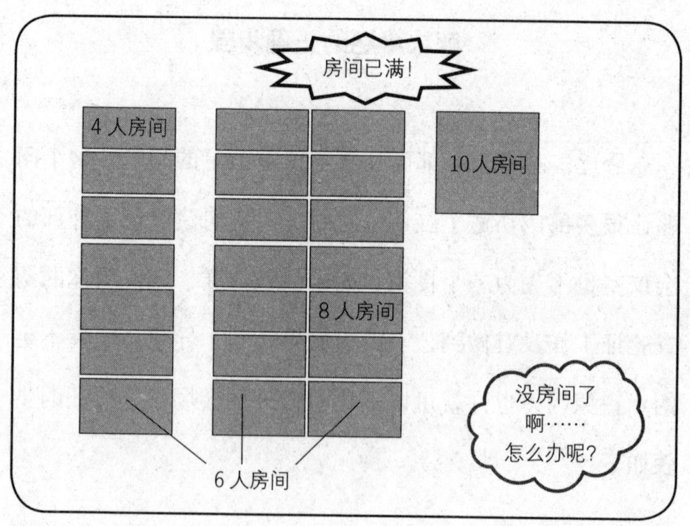

陷入了会议室不足的窘境，但这家公司的总务部有一个非常精明能干的员工，解决了一个又一个复杂的问题。

为了方便理解，我对数字稍微做了一点加工。会议室一直处于没有空余的状态。用图表示的话，就是这样（参考上图）。换作是你，会采用什么方法缓解这种状况呢？精明能干的总务设立了下面的假说："没有空余的房间，但有空余的座位。"她觉得 8 个人的房间也许只有 5 个人在用。这样一来，就会有空余的座位多出来。也就是说，如果按座位，而非房间来看的话，应该还有空余。

下一步，掌握真实情况。预约会议室时，会填写使用人数，但这个记录未必准确。要想掌握真实情况，还是得亲自去现场看。这个方法是丰田汽车公司提出来的，非常有名。精明能干的总务为了掌握实际情况，在椅子的座面上安装了传感器（只要受到外力刺激，就会计数），然后用坐垫盖住。

通过记录发现，经常出现 6 个人的房间只有 3 个人在使用的情况。也就是说，房间虽然没有空余了，但按照座位数来细看的话，还有很多空余。

为了解决问题，她又设定了课题。“只要改变房间的格局，应该就可以解决了。”所以，为了让椅子的使用率达到最大化，她改变了房间的格局。

这样一来，她轻松解决了会议室问题。

不要以房间为单位，按照座位来看，就会出现空座！

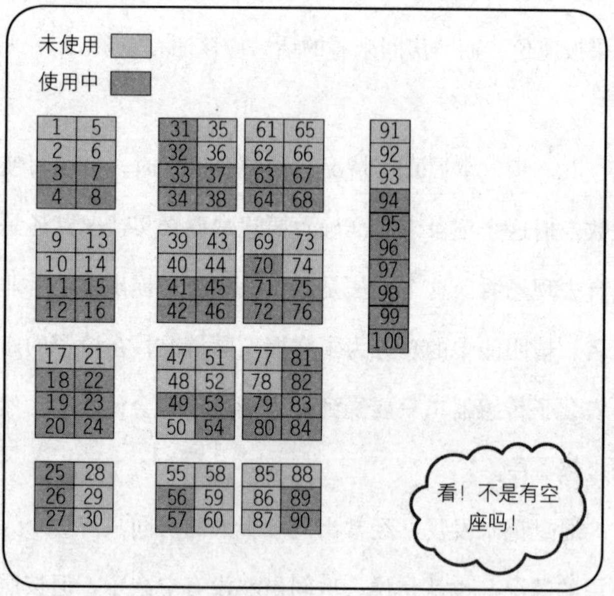

◎上厕所时间太长怎么办

顺便一提，这个总务还解决了员工上厕所时间过长的问题。

首先，她设立了两个假设。

假设一：高峰期使用厕所单间的人数过多；

假设二：待在厕所单间的时间过长（超过正常上厕所所需）。

首先她将假设二设定为课题，考虑了对策。

虽然想要掌握真实情况，但又不能在厕所的单间内安装传感器。

她决定征询各方意见，在此基础上推测使用时间过长的原因。结果，她发现员工可能把上厕所当成了放松休息的时间，经常在里面玩手机等。

因此，她考虑要不要屏蔽厕所里的信号。但是这样一来，紧急避难时就会出现危险，所以这个想法被取消了。

接下来，开始设定课题。

首先，她将课题定为“让人不好意思久待”。

采取的具体措施就是安装按铃。外面排队的人按下铃后，里面的人就知道外面有人在等了。据说所有厕所都安装了按铃，也只花费了 3 万日元左右。

效果立竿见影。不用屏蔽信号，等待的时间已经缩短了一半左右，真是令人惊讶。更有意思的是，实际上并没有人按过这个铃。也就是说，是按铃的存在本身让员工尽快方便。真是不试不知道啊。

只要按照正确的步骤来做，即便是这些看上去十分复杂的问题，也可以迎刃而解。这个正确的步骤就是设立假说，找出真正的原因，然后设定课题。如果你工作的部门也有令人头疼的问题，可以尝试这种方法。

只要按照正确的步骤来做，乍一看十分复杂的问题也可以迎刃而解！

03

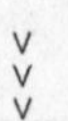

攻克“顾此失彼”的难题

规定过于严格的指标后，很多员工就会因为无法接受而辞职。他们去旅行，去聚会，试图让自己开心起来。然而，他们依旧身处严酷的职场环境之中。整个状态就如同“泡在烫到难以忍受的热水中，享受美味的蛋糕”。

◎比个人问题更复杂的职场问题

顾此失彼，是指追求某样东西的同时，必然会牺牲另一样东西的情况。“我现在要专注于工作，没空谈恋爱”，也属于这种状态（选择了工作，就无法兼顾恋爱，选择了恋爱，就无法兼顾工作）。

职场上的顾此失彼问题则更为复杂。好心办坏事的例子不在少数，其实它们往往都是由顾此失彼引起的。如果有个问题迟迟得不到解决，你就要怀疑是不是顾此失彼了。下面我就介绍几个隐藏的顾此失彼案例及其应对方法。

顾此失彼案例①：越追求工作舒适度，办公室的氛围就越差

比如，为了提高工作的舒适度，越来越多的公司开始实施自由座位制。如果要外出办事，则鼓励员工直接从家里去，办完后直接回家，不用来公司，甚至还允许员工在家办公。

乍一看，这似乎很自由。但是，这样的制度也会带来一些问题。比如同事间的沟通交流变少了，公司的强项（风格）减弱了，新人遇到困难也无法和他人商量（因为前辈们都不在公司）等。

就像这样，越是追求工作的舒适性，就越可能导致工作环境恶化。

顾此失彼案例②：越提拔年轻员工，感到痛苦的年轻员工就越多

为了给公司带来新鲜活力而实施的提拔年轻员工政策，也遭遇了同样的问题。

提拔年轻员工，意味着会出现越来越多的“年长下属”。

而从晋升路线上退下来的“年长下属缺乏干劲”的问题也日益突出。在我的培训课上，每年都会有深受年长下属不配合工作所扰的年轻上司来找我商量，而且数量年年在增加。换言之，旨在让年轻员工施展才能的政策，反而成了困扰他们的弊端。

顾此失彼案例③：管理越温和，下属越痛苦

这是营业部门常发生的问题。

很多时候，就算业务员电话访问量少，上司也不会去责备他们，而是选择默认。电话访问数少，自然而然目标就无法达成。但是，领导却说：“电话访问是一项很枯燥的作业，如果强逼他们打电话，可能会导致他们辞职。”

乍一看，似乎很温柔。然而，在这份温柔的宽容政策之下，下属没有完成目标，更像是受到了惩罚一样。

◎三个对策解决棘手问题

解决这类棘手问题时，可以使用系统思考的方法。这个方法是由 MIT 的彼得·圣吉等人提出来的，主张掌握各种因素之间的联系后，再寻找解决方案。

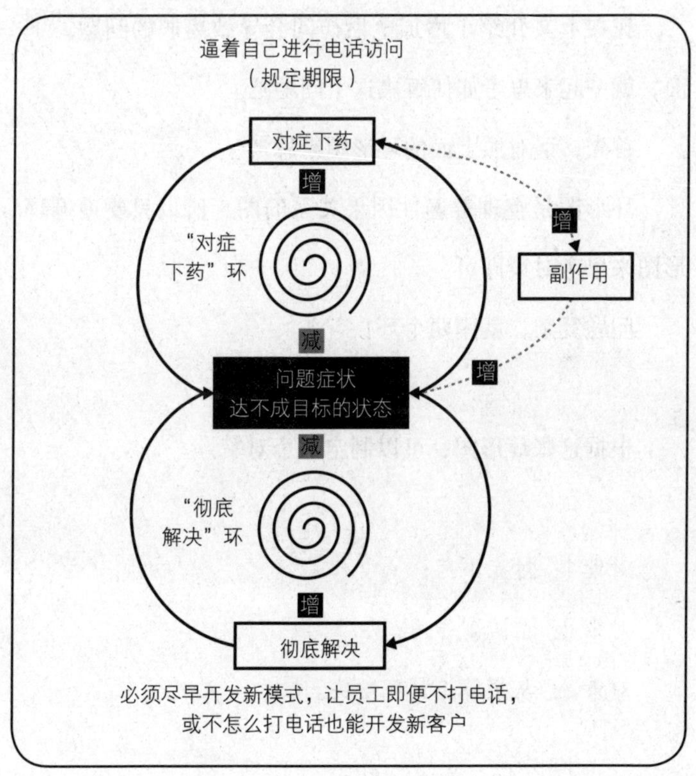

系统思考会用到“环形图”。环形图有很多种，这里我只介绍我常用的“万能环形图”。

请看上图。这张图由两个环构成，即“对症下药环”和“彻底解决环”。

我在上文介绍了增加电话访问会导致离职的问题。下面，就一起来思考如何解决这个问题吧。

首先，请对照上面的环形图来思考。

环形图是整理普遍性因果关系的图，所以只要遵循环形图来思考对策即可。

问题复杂，就用两个环！

根据这张环形图，可以制定三个对策。

对策 1：对症下药；

对策 2：预防副作用；

对策 3：从根源上彻底解决。

下面就来具体看一下吧。

对策 1：对症下药

不管怎么样，眼前的目标必须达成，所以需要“急救”措施。

这就是“对症下药”。

让我们参考一下“对症下药”的环形图。

可以看出，随着“对症下药”的增加增大，问题在不断减少、减小。

此时选择的措施可以是规定期限，在期限内增加电话访问数量。

依据这张环形图，电话访问数量增加之后，达不成目标的问题应该就可以解决了。

对策 2：预防副作用

但是，“对症下药”势必会产生副作用。

可以从环形图上看出，随着“对症下药”的减少、减小，副作用也会增加增大，进而导致问题也增多。

所以，决定“对症下药”时，必须同时考虑如何预防副作用。

放在这个案例中，就是如何预防离职。

方法有很多，比如：大家定个时间，一起探讨怎样才能像玩游戏一样快乐地打电话。每天结束之后，上司都要开面谈会，回顾今天的工作，而不是做完就完事。也就是说，如果工作很辛苦，可以想个让工作变得开心的方法，或消除不安的方法。

对策 3：从根源上彻底解决

但是，就算预防了副作用，也不会长久。必须从根源上彻底解决。请看一下彻底解决部分的环形图。

可以看出，随着彻底解决部分的扩大，问题在不断减少减小。

针对这个案例，可以想到各种解决方法。比如：开发即便电话访问数量少也能达成目标的模式（提高签约率）；开发除了电话访问以外的成功模式，如转介绍；采用点击付费广告、SEO（强化网络检索）；改组流程（将电话访问承包给其他专业组织）；等等。方法有很多，总的来说就是要开发新模式，让员工即便不增加电话访问的次数，也可以开发新客户。

就像这样，用这三个对策来考虑问题可以避免片面的想法。

要点

当发生顾此失彼的问题时，请使用系统思维来寻找解决方案。

04

培养识别“良策”的慧眼

倘若你在研究对策时，只能根据之前的经验想到一个方法，那此时你就需要注意了。跟着灵感走往往会让你事后后悔。

◎为什么在总公司会议上的讲解会被说成听不懂

我也曾在这方面有过失败的经历。

我常年在外面跑业务，所以为了让申请书通过总公司的审核，初期吃了不少苦。总公司会要求我做详细的说明，这一点和营业部的要求不同。

在营业部，同事之间早在不知不觉间就共享了部分信息，所以不需要详细地说明。而在总公司，甚至经常有人和我说：“我不懂你在说什么，似乎不合逻辑。”

我曾对此倍感压力，如果眼前的申请书无法通过审核，就无法推进接下来的工作。

类似的事情恐怕也常出现在新上司上任的时候。

在双方信息不对称的时候，提交申请的一方有责任进行仔细说明。毕竟对方的信息量不够。

另外，在营业部待久之后，容易根据自己既往的经验来判断。而很多时候，我都思考得不够全面。这么一想，他们事无巨细的提问反而给我提供了检验方案的机会。

◎用（1张）A4纸讲解合理的对策

讲解的时候，推荐使用决策矩阵。

这样，再也不会有人对你说听不懂了。

请看下图，步骤很简单。

想解决的问题	改善离职率（从 ×% 到 ×%）
需解决的课题（解决的条件）	预防入职 3 个月内的离职
讨论对策	2 分 预计会取得很好的效果 1 分 有不确定因素或普通因素 0 分 预计会有不良反应
解决方案	方案 A

	效果	成本（资金、人力）	现实性	风险	总计
	×2	×1	×1	×1	
方案 A	4	2	1	1	8
方案 B	2	1	1	2	6
方案 C	2	0	1	1	4

①列出选项（3~5 个）；

②决定评价项目；

③赋予评价项目分值；

④评分。

尝试过后，你就会发现，列出选项有助于你觉察到自己的盲点。提交申请书时，只要给对方看这张决策矩阵，然后讲解①到④即可。

我在矩阵上方添加了一栏内容，即“需解决的课题”（能否解决问题的关键）。填写这一栏，可以帮你找出更合理的对策。

这样，你就可以用（1张）A4纸简单明了地讲解“为什么要选择这个方案”了。

要点

用决策矩阵来讲解，更容易让申请书通过审核。

05

改变员工意识，帮助企业焕发生机

都说热爱公司的人会让公司不断地成长，但没有人会想要上司要求自己一直进步。

◎透过日本航空的重生戏码窥探解决课题的顺序

当我们想要解决问题时，要遵循某种顺序才能达到最佳效果。比如，你现在面临的问题是“我们部门缺乏完成目标的意识”。要想改变这个意识，有以下几个解决方案，如果是你，会从下列哪一项开始着手呢？

①为了改变意识，先反复进行交流沟通；

②在改变意识前，先改变“管理制度（评价等）”。

很多人都会选择①。

但正确答案是②。先改变管理制度，再改变意识。这才是正确答案。

有一家业内闻名的企业，就是通过这个方法让企业重获新生的。2010 年，日本航空因糊涂账问题破产后，便由京瓷集团的稻盛和夫先生接手重建。在他的治理下，两年后，日本航空再次成功上市。这次奇迹般的重生被广泛传颂，一时成为人们茶余饭后的美谈。

人们常说，日本航空是通过制定京瓷式的“哲学（员工珍视的思想）”，改变了员工的意识，才重获新生的。但事实上，日本航空是在破产一年后才发布的哲学思想。

那么，在那之前，日本航空都在做什么呢？答案就是它彻底改变了管理制度。

第一步是进行彻底的成本管理。废除不盈利的航线，将大型机转为小型机。

在这项改革进行之前，只要公司整体处于盈利状态，亏本的航线往往会被忽视。但进行管理制度改革后，每一条航线都必须核算盈亏。

这是京瓷集团阿米巴经营的管理模式。为了实现每一趟航班的成本可视化，公司制定了飞行员人工费、空乘人工费、机场费用等成本的单价，并计算出了每一趟航班的收支。

听相关人士说，提出方案时，成本意识薄弱的员工以及预算实绩管理能力不佳的员工，在接受了指导之后，意识都发生了改变。稻盛先生有时还会训斥干部们。这就是先导入管理制度，再通过管理制度改变意识的典范。

同一时期，日本其他航空公司也在推行日本航空哲学的制定，并于一年后发布。像在当时广泛存在的个人主义盛行、团队协作差等问题，都可以通过改变管理制度来解决。

比如尝试成立小团体，通过“双人制”“三人制（三个臭皮匠，顶个诸葛亮）”等小组制明确各自职责，提出改善的建议。

我曾参观过另一家采用“双人制”的著名“白色企业”（译者注：福利待遇好、离职率低的公司）——日本激光。

这家公司导入了“双人制”工作机制，就算一个人休息，另一个人也可以应对。当时，它的员工们直接对我说：“因为可以互相帮助，所以比较轻松。”“就算是工资多2倍的公司，我也不会去的。”可见日本激光具备很完善的互助管理体制，让每一个员工都开心舒适地工作。

想要解决问题时，请首先考虑管理制度。

你可以将这条定为规则。

要点

先改变管理制度，再改变意识，这才是正确的顺序。

06

不懂就做实验

你会不会为了让申请书通过审核，而收集各种数据呢？在硅谷，有这个时间，不如做实验。

——财务软件巨头 INTUIT 的创始人 斯考特·库克

◎无论怎么查，都查不到保障未来的数据

我在我的培训课和著作中都反复提过，一件事如果不做就不知道结果，那我们不妨参考“精益创业”的模式，先做一个小实验。精益创业是一种起源于硅谷的方法论，核心思想是：进行创新时，先在没有风险的范围内做一个小实验，然后进行验证。最后根据结果，思考今后该怎么推进。

我曾在培训课上向学员询问这种方法，结果发现每个公司的认知率都不同。普遍来讲，一次培训课上知道的人最多只有1个。也就是说，只有3%左右的人知道这个方法。

【精益创业的做法】

按下面的步骤进行：

假定：这也许是个好主意。

构建：准备好模型，做个小实验。

测量：过段时间后，测量实验结果，发现……

学习：根据得到的结果，决定是继续推进、中止，还是重新实验。

执行周期不宜过长。

◎ Instagram 也是精益创业的结果

著名的成功案例就是 Instagram。

Instagram 的开发时间只有 8 周，如此快的速度正是得益于精益创业。Instagram 原本叫作 Burbn（波本），是一款位置信息应用程序。刚开发出来的时候，据说根本无人问津。但是，开发者分析后发现，它的照片共享功能引起了用户们的极大兴趣。于是，他们就将它当作一个照片共享的社交软件进行了实验，结果大获成功。现在，它已经是一款生活中不可或缺的社交软件了。

◎不断解决职场难题

职场上的问题也可以用精益创业来解决。

比如，招聘。如今，企业都面临着招聘困难的问题。无法招到人才已经变成了一种常态。

但是，只要进行精益创业，就可以在短时间内快速消除这个烦恼。

我们不妨思考一下，如果你是求职者，会觉得下面哪家公司（招聘条件）更有吸引力呢？

A：月薪 30 万日元，一周休 2 天，有时候需要加班。

B：月薪25万日元，一周休3天，无加班（也就是周休3天的公司）。

大部分人都说被B吸引住了（对A则全无兴趣）。但其实，A和B的时薪几乎是一样的。所以，如果公司实施B，就可以在维持人工费不变的情况下招到人了。但很少有公司选择B，尽管B吸引人才的可能性更大。

这是因为开启新章程时，人们总是会对开启新篇章感到不安。而这时候，才更需要精益创业。

当你想到一个全新的对策，可以解决公司的问题时，请试着这样跟上司说："要不在没有风险的范围内，做个小实验？"

这个提议将会带领公司迈出巨大的一步。

要点

如果上司因为没有先例而感到不安，就对他说："要不做个小实验吧？"

CHAPTER

第五章

运用“业务框架”，以 10 倍的速度解决问题

01

这么做，帮你把思考速度提高 10 倍

毕加索曾说过：“好的艺术家模仿皮毛，伟大的艺术家窃取灵魂。”而很喜欢这句话的史蒂夫·乔布斯也曾说过：“我们总是恬不知耻地窃取伟大的创意。”

◎就像带着伟人想出来的“模范答案”去参加考试一样

当我还是个公司职员的时候，我曾有幸参加过某企业培训公司主办的培训。

这是一个关于领导力的培训，主题是如何帮助赤字公司实现 V 字形复苏。其中有个环节是做小组作业，但我却在这时被讲师警告了:“伊庭君,你会马上使用业务框架啊。但是你用业务框架的话，会影响其他学生思考。”

我问讲师:“我的答案错了吗？”讲师说:“答案是对的。但是我希望你学会思考，为此即便错了也没关系。因为思考的过程才是最重要的。”

讲师当时的言下之意是“请安静,不要把答案说出来”。因为使用业务框架之后，原本需要 1 小时的讨论，5 分钟就可以结束了。

当然,业务框架不是万能的,但你在熟悉业务框架后,解决问题的速度可以加快 10 倍。既然业务框架是由经营学领域的权威发明，由众多公司实践，最终被证实有效的工具，那么我们没有理由不去用它。在我看来，使用时只要稍微灵活一点，就可以解决几乎所有问题。

本章将列举几个实用的业务框架,帮助你发挥追随力。除此之外，还会介绍一些提出问题时常用的“进言话术（问题）”，以及在讨论部门问题的会议上与众不同的说法。

要点

没有理由不使用权威人士发明的并被证实有效的业务框架！

02

这么做，帮你降低离职率

入职3年内的员工离职率为零的公司，都有一个共同的特点。

不是收入，也不是企业的知名度，而是“立足长远，亲自培养人才”。

◎年轻员工的离职率可以做到零

离职率高的问题困扰着众多公司。眼看好不容易招到的新人相继离职，真的很痛心。前段时间，我遇到了一位中小企业的社长。他的话充分体现了这种心情。“真的很不甘心，但中小企业果然还是太难留住人了。”

我从事招聘服务行业已经20多年了。很多客户公司的社长都跟我讲过类似的话。每次我都会对他们讲两点。

第一，企业规模其实和离职率关系不大；

第二，重要的是要向员工展示长期的培养计划和职业发展路径。

为什么呢？事实上，看一下离职率的数据就能立即明白了。

根据日本中小企业白皮书的调查，大企业的离职率是11.1%，而中小企业的是12.3%。由此可见，日本大企业和中小企业没有太大的差别，所以最好不要把原因归咎于企业规模。

另外，根据《CSR企业总览（雇佣、人才活用篇）2018年版》（东洋经济新报社）的数据，应届毕业生3年内的离职率为零的公司中，中小企业不在少数。这更加证明了离职率和企业规模关系不大。

在接受抽样调查的1128家公司中，3年内离职率为零的公司有108家，其中73家都是中小企业（新员工不到15人的公司）。大公司的新员工数量较多，实现离职率为零的难度也相对较大，所以数量少也无可厚非。但是，即便这样，离职率为零的公司中，中小企业占据多数，这也是不争的事实。

下面就来介绍一种有助于降低离职率的“框架”，它可以帮你快速找到相关课题的解决。

◎人事问题就用“HRM”的框架来解决

HRM（人力资源管理）是指按照各项因素对招聘、激发员工最大能力的人事决策等进行梳理的活动。

我在猎头行业工作时，每当经营者们遇到人事问题，我都会用一种框架帮他们清理烦恼，而且屡试不爽。（此框架详见后附图表）

在离职问题上，需要解决的课题十分简单。基本上问题都出在图上的标★处，所以可以优先解决这些。

你可以参考下列数据。这是调查应届毕业生3年内离

人事问题就用 HRM 框架来解决

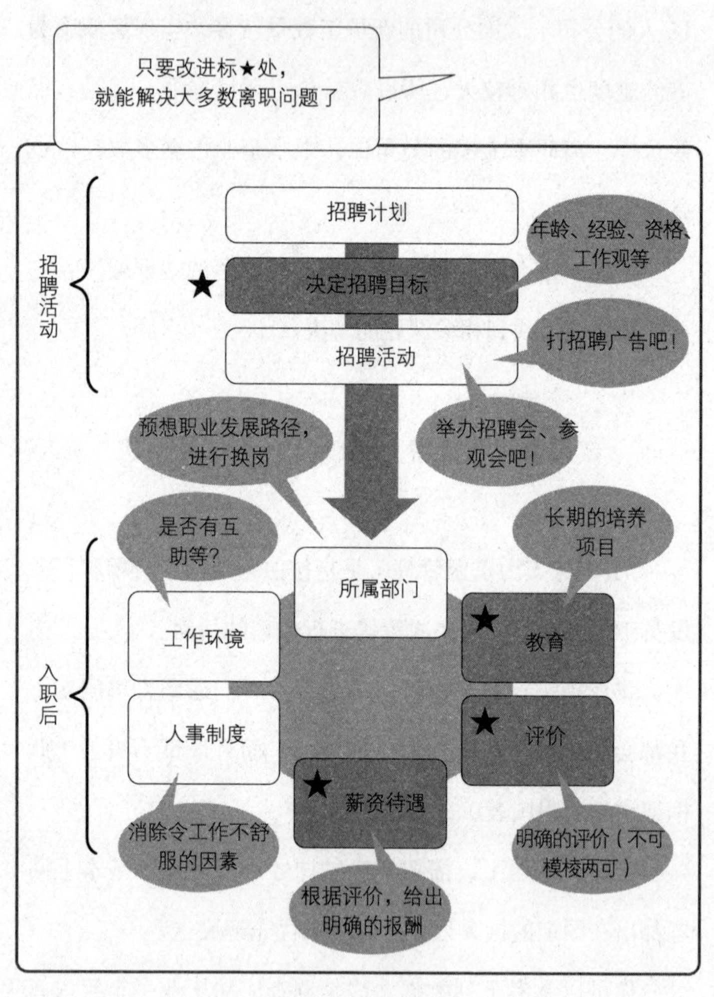

职原因的结果。该调查结果也表明了标★处的重要性。

【参考数据】应届毕业生 3 年内离职的原因（阿第克公司 2018 年的调查）。

“自己想做的事和业务内容不契合”占 37.9%。

“对薪资、福利不满”占 33.0%。

“看不清职业发展路径”占 31.5%。

值得注意的是排在前三的是这 3 个理由，而非和上司的关系、加班等。

人事问题就用 HRM 框架来解决！

下面讲解一下。

对照这张 HRM 框架来看，不难发现上述的每一个离职原因都对应标★的地方。

“自己想做的事和业务内容不契合”对应 HRM 框架中的“决定招聘目标（★）”。

“对薪资、福利不满”对应 HRM 框架中的“薪资待遇（★）”。

“看不清职业发展路径”则是 HRM 框架中“教育、评价（★）”的问题。

如果公司遇到人员离职问题，不妨试着从这三点来寻找该解决的课题方法。并在此基础上，按照下列①②③向上司进言。

【进言】离职率之所以高，是因为：

①“可能是因为对方和这个岗位不匹配”；

②“可能是因为评价和薪资待遇模棱两可”；

③“可能是因为教育体制、职业发展路径不明确”。

事实上，离职率高的公司很多时候这三点全占。

而离职率低且状态好的公司都有一个共同点。

3 年内离职率为零的公司有一个共同点，即教育体制、职业发展路径很明确。

你可以参考各公司的项目。

比如尼达利（NITORI）为培养国际化人才而在公司内

部开设的人才培养课程——著名的尼达利（NITORI）大学。再比如能学习经营、管理的日本麦当劳的汉堡大学也是久享盛名。

除此之外，罗森有罗森大学，资生堂有资生堂学校。我也在开展培训的公司开发、举办过 ×× 学院、×× 培训班之类的综合项目。这些项目效果卓越，即便录用了 50~60 个应届毕业生，也几乎不会有人辞职。所以，你可以从设计人才培养项目下手。

人才培养项目对降低离职率有显著的效果。

我的经验之谈①
评价是公司职员工作的动力

设计人才培养项目对解决离职问题至关重要。但是在我看来，很多人事问题只要改变评价和薪资待遇就能解决。比如：“经理不想把工作交给下属”“不是真心想要削减加班”“上司们只关注短期业绩，所以不太找下属面谈”“老员工做事拖沓，缺乏紧迫感”。换言之，造成这些问题的罪魁祸首就是允许这样做的环境。首先，请明确评价指标，并使其完全反映在评价中。

曾经发生过这样一件事。当时，我是某广告媒介的区域负责人。在我提出将旧产品（放在书店销售的媒介）切换成新产品（免费电子报纸媒介）的战略时，受到成员们的激烈反对。“旧产品是我们的灵魂，请务必保留下来。”“切换成新产品还为时过早。太冒险了。”

我能理解他们的心情，毕竟他们在旧产品上投注了太多的精力和感情。事实上，我对旧产品的喜爱与不舍也不亚于他们中的任何一个人。但是，旧产品一旦落后于时代的发展，今后就难以挽回了。所以，我狠下心来改变了评价指标，将新产品的评价提升至旧产品的 2 倍。因为新产品的效果是旧产品的 2 倍。

一周后，所有反对声消失殆尽，大家纷纷思考新产品的销售方法。我们一下子完成了向新媒体的转变。这就是评价的力量。

视情况，你可以大胆地和上司商量改变评价指标的可行性。虽然这是人事部门该讨论的事情，但有些评价指标，部门也能调整。

我是部门的领导，所以无法更改制度，但可以酌情调整指标。如果遇到令人焦虑的情况，不妨试着向上司提议修改评价指标，说不定能一下子解决问题。

03

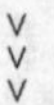

改善人手不足的框架（提高招聘能力）

8个经营者抢1个兼职应聘者。这就是东京餐饮行业的招人现状。就连兼职，都可以挑选公司了。

◎就连著名企业也在用颠覆常识的招聘方法抢夺人才

不只是餐饮行业正在面临人手不足的问题。前几天，一条新闻让我深刻地感受到人手不足问题的严重性。一家运输公司正在面临这样的困境："单价下降导致紧急的工作增加。我既不能给员工涨工资，又不能招新人，所以司机每天都要工作16小时。"

当我从电视上看到这家公司的开会场景时，立马找到了解决问题的切入点。因为参加会议的全都是30~50岁的男性。我很好奇，为什么没有女性呢？现如今，女性从事建筑工作、开车、垃圾回收等体力活已经见怪不怪。对于想要做体力活的女性而言，这些更是不可多得的好工作。

就像这样，只要知道招聘战略框架，就能马上明白该做什么。

当然，如果只是将女性纳入招聘对象，是不可能赢得这场招聘竞赛的。要想获胜，就必须具备非此地不可的魅力。比如说，采用一周休3天的制度，但要相应地降低工资。事实上，已经有8%左右的公司导入了“一周休2天以上”的制度。日本微软、雅虎、佐川快递、迅销公司（Fast Retailing）等都已导入一周休3天的制度。这和企业的规模没有关系。大企业们也开始用颠覆常识的思维参与竞赛了。

◎有助于提升招聘能力的招聘交流框架

为了提升招聘能力，该改善些什么？又该如何改善呢？——有一个非常便利的框架，可以帮你快速找到突破口。那就是招聘交流框架。通过这个框架，你可以从“向谁展示”“展示什么”和“怎么展示”三个角度逐一确认招聘战略该强化的地方。

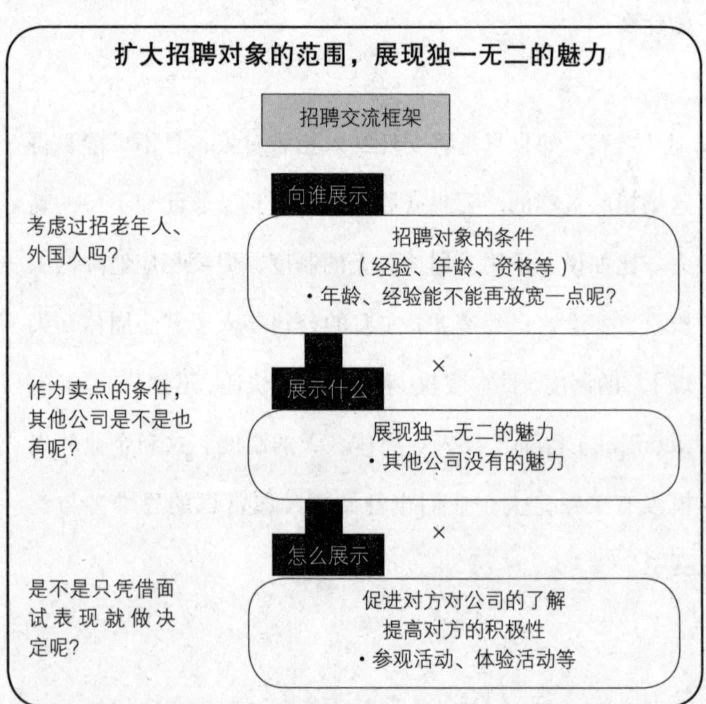

如果你正在为招聘犯愁，就请试着像下面一样向上司提议吧。

【向谁展示】

①“只要适合这个岗位，是否可以放宽年龄、性别限制呢？”

【展示什么】

②“是不是需要展现别的公司没有的、独一无二的魅力呢？”

（一周休3天、无加班、独特的福利、允许发展副业等。）

【怎么展示】

③“‘真实场景’能更直观地让对方了解公司。所以是否可以组织他们参观工厂、体验入职或和前辈们一起吃饭呢？”

按照效果的大小来排序的话，就是①②③。举个例子，如果招聘的对象不需要和别的公司竞争，那就可以轻而易举地招到人了。巨头便利店开始积极地招老年人和留学生也是因为这个原因。而如果要按实施速度的快慢来排序的话，就是③②①。所以，如果想要立即实施，请考虑③。

如果缺乏先下手为强的精神，就无法取胜。请务必建议上司挑战新的切入口。

要点

如果缺乏先下手为强的精神，就不可能在招聘竞赛中获胜。

04

这么做，帮你改善职场人际关系

大多数时候，问题是出在双方之间，而不是某个特定的人身上。请意识到这一点，并成为一个可以提出解决方案的人！

◎掌握改善职场人际关系的法则

每个职场都存在人际关系问题。请尽量不要将问题归咎于某个特定的人。这样一来，大多数时候只需要做两件事，就可以解决了。

【改善部门团队合作的方法】

法则 1：刚认识时，增加交流的“量”；

法则 2：部门开始出现混乱时，转换为提高交流的“质”。

只要做到这两点，部门的人际关系就不会有问题了。

◎团队发展框架“塔克曼模型”

塔克曼模型是团队发展的著名理论，1965 年由心理学家塔克曼提出。上文的“法则 1”和“法则 2”也可以用它来解释。

请看图。重点是“组建期”和“激荡期”。

团队的混乱是生长痛

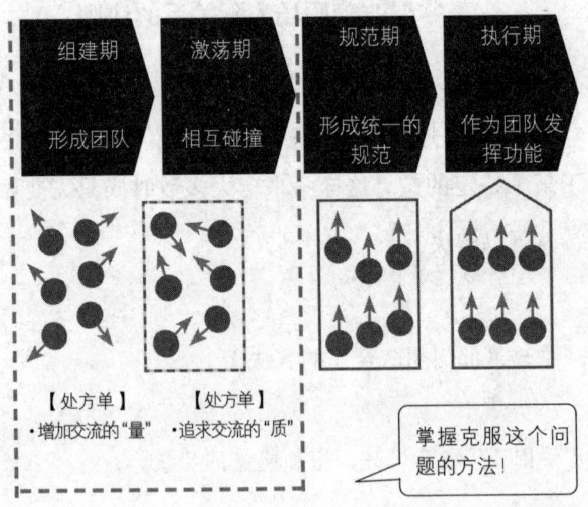

团队创建之初，可通过增加交流的量来构建彼此间的关系。这时，你应该下意识地创造闲聊的机会（利用午餐、休息、会议等时间分享一些小事）。随着时间的推移，团队内部会渐起冲突，陷入矛盾。此时应追求交流的“质”。也就是说，要向着更好的方向，创造机会互诉彼此的真实感受。有时候向对方倾诉不满也十分有效。

（提议的方向）当部门的人际关系不太和谐时，你可以试着这样向上司提建议。

要不要在团队组建期制造机会,“增进相互间的了解”呢?

（利用午餐、休息、会议等时间，分享一些小事等）

要不要在激荡期，“分享各自的想法”呢?

（组织讨论现状、改善方案等培训）

大多数的不和谐都可通过沟通交流来解决。所以，应该从交流方式中寻找原因，而非归咎于人。

我的经验之谈②
如何度过激荡期?

我去就任某部门的课长时，那个部门正处于最糟糕的状态。公司当时刚刚改变了经营方针，面对这剧烈的变化，很多员工都感到不满。照这样下去，有人辞职也不奇怪。

这时，有个骨干员工向我提出一个方案："现在，就算对他们说'应该这样'，他们也听不进去。要不我们制造一个机会，让大家把所有的不满'一吐为快'怎么样？"在公司实施这个建议，员工们将所有不满都说了出来。"一吐为快"后，大脑就冷静下来了。此时，他们才真正地开始思考"我们今后该怎么做"。

每个月实施 2 次。结果，第 3 个月的时候，就完全听不到任何不满了。无论是哪个部门，被迫做出变化后，都会陷入“激荡期”。此时，最好的方法就是把它当作一个必经之流程，然后采取对策，而不是害怕激荡。

05

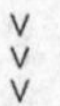

这么做，和所有同事都能打成一片

无所谓性格合不合，只有能不能使其合。

◎不能将“自己的常识”视作理所当然

可能很多人都想不到，经常有领导和我反映，和自己的下属处不来。比如，这样的“心里话”我听到过不止一次：“就不能说得再委婉一点吗？”“虽然很会来事儿，但太随意了，让人生气。”“没必要解释这么多吧。怎么那么爱讲道理啊？好烦。”

每当这时，我都会向他们传授“社交风格理论”，即迎合对方价值观的方法。几乎所有领导都认同了这个方法的有效性。不仅是上司，将“社交风格理论”应用到整个部门后，“和那个人合不来”的问题，几乎就会瞬间消失。

上一节中，我讲了团队刚组建时，应增加交流的量。而到了激荡期，则应重视交流的质。在这一时期，更应该在交流的过程中尊重对方的价值观。而社交风格理论可以帮你轻松做到这一点。

◎尊重各自的社交风格类型

社交风格理论是美国产业心理学家戴维·麦立尔于1968年提出来的交流理论。它将人与人之间的交流模式分成四种，并提倡根据对方的类型，选择合适的交流模式。现在，这一理论已经成为一种国际标准法，受到了众多公司的青睐。

社交风格的四种类型。

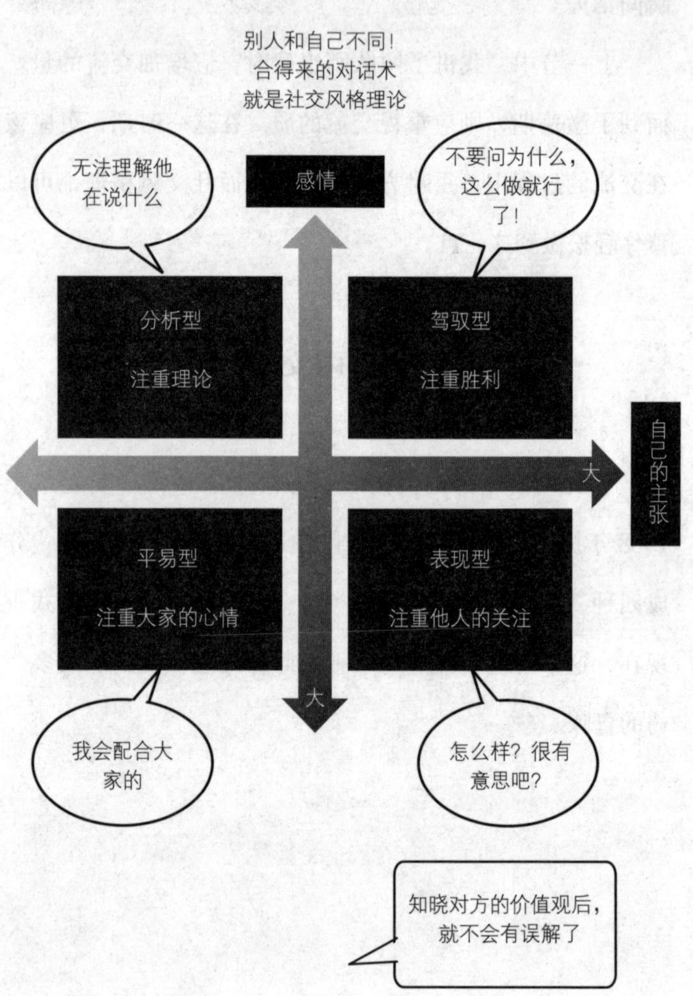
别人和自己不同！
合得来的对话术
就是社交风格理论
无法理解他在说什么
感情
不要问为什么，这么做就行了！
分析型
注重理论
驾驭型
注重胜利
大
自己的主张
平易型
注重大家的心情
表现型
注重他人的关注
大
我会配合大家的
怎么样？很有意思吧？
知晓对方的价值观后，就不会有误解了

【简易诊察】请想象 1 个部门同事。

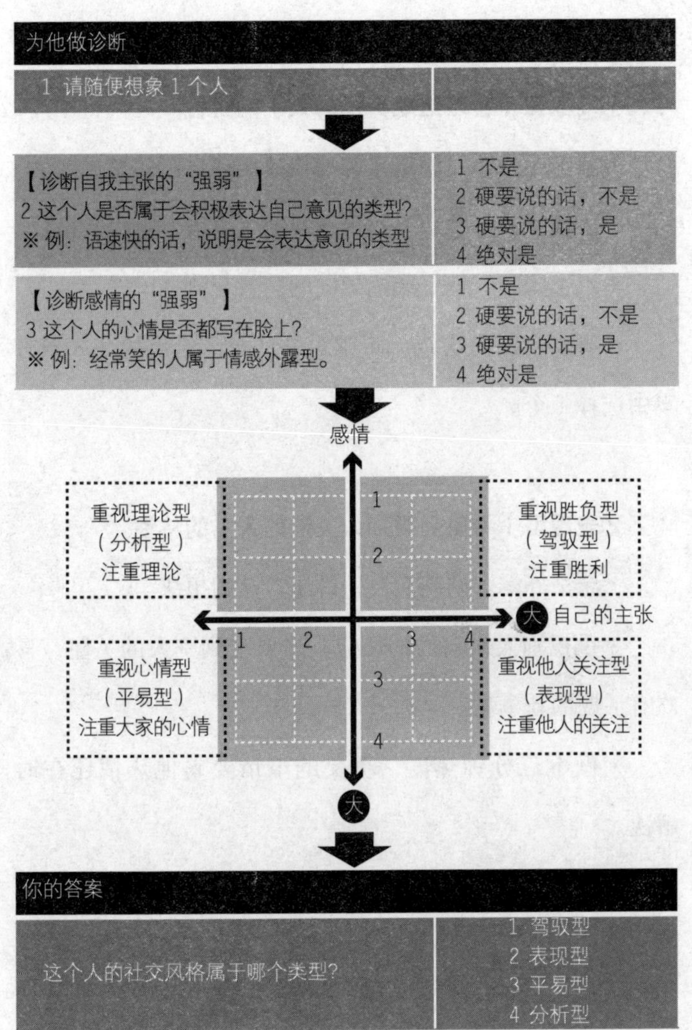

下面就来讲解一下这四种类型的特性及其相处方法。

①驾驭型（合理达成目标的人）的特性

·感情不外露。淡定自若地快速阐述自己的意见。

·急性子，好胜心强。为达目的，可以变得很严格。

·不喜闲聊，偏好结论导向的高效交流。

·喜欢自己做决定。希望对方从自己给出的2~3条方案中选择1个。

②表现型（希望受到别人关注的人）的特性

·感情外露。明朗欢快地讲述自己的想法。

·重视别人对自己的反应。想要受到别人的关注，喜欢有话题的新事物。

·做事三分钟热度，重要的事情要趁他热情还在时解决。

·说话容易“跑火车”。在附和他的同时，要及时帮他归纳总结。

③平易型（不想引起风波的和平主义者）的特性

·感情外露。喜欢倾听甚于诉说。

·珍视和平。重视别人的心情和整体的和谐。

·喜欢在心平气静的氛围中交谈。

·不擅长自己做决定。习惯直接接受建议。

④分析型（重视理论、分析的人）的特性

·感情不外露。比起诉说，更多时候在倾听。

·喜欢分析数据、信息，然后得出独到的见解。

·沉默的时候是在整理思绪。所以请静等片刻，不要催促。

·要想说服他，需要拿出先例或数据。

运用社交风格理论有针对性地和下属、同事，甚至是上司沟通，能有效提高部门交流质量。

请用社交风格理论为部门做诊断，以提高部门整体的交流质量。

06

这么做，帮你减少多余的工作

工作被削减会让人陷入不安。工作减少后，自己会怎么样呢？

◎高效地做不必要的工作才是最大的浪费

你的公司有没有出现工作量不见减少，加班也不见减少的情况呢？

曾有一家提供跳槽支援服务的网站“中年跳槽（en. Japan）”就“通过工作方法改革，你的工作方法有没有发生变化？”做过一次调查，调查中大概 80% 的人认为额外的加班时间并没有减少。由此可见，缩短工作时间并非易事。

下面我要介绍一种减少多余工作的框架。这种框架我在企业培训课（时间管理培训）上也介绍过，并博得了一致好评。

◎通过 ECRS 的框架削减工作中的无用之功

有一个方法可以帮你消除“不必要的工作”。那就是 ECRS 原则。

ECRS 是工厂的生产管理部门常用的一种管理方法，可以消除不必要、不合理、不一致的工序。其实，无论是什么部门或公司，都可以用这个方法来消除不必要的工作。下面就来介绍一下 ECRS 法吧。

请看下一页的图。首先，ECRS 是 4 个步骤的英文首字母。

其次，必须按照①→④的顺序来进行。

因为①取消是最为有效的。高效地做不必要的工作是最大的无用之功，所以不做才是首要的。

此时，你可能需要打破自己的舒适圈。

进行的顺序		
↓	Eliminate 取消	如果取消后不会产生影响，就取消
	Combine 合并	能否将两个工作合并，以达到“一石二鸟”的效果呢？
	Rearrange 重排	哪种工作顺序效率更高呢？
	Simplify 简化	能否再精简一点呢？

【① Eliminate：取消】

如果不会影响到“客户满意度”“员工满意度”“风险（计划、合规等）”，就考虑取消。

- 能否取消“周报”“报告”“汇报书”等资料的制作？
- 能否取消“早会”“会议”？
- 能否取消“没有成果的营业方法”“没有成果的项目活动”？
- 能否取消“早上出勤（可以直接去见客户，或在家办公）”制度？
- 能否取消“过度服务”“自我满足的服务”？

【② Combine：合并】

- “制造”和“检查”能否在同一个地方完成？
- “分成两个的会议”能否合并？
- 多人负责的工作能否由 1 个人来做？
- 各部门自行订购的东西能否统一订购？

【③ Rearrange：重排】

- 能否更换“审批”顺序？
- 能否更换营业路径（实现行动动线的最短化）？
- 能否将傍晚以后的工作换到早上（提高生产率、减少加班）？

【④ Simplify：简化】

- 能否简化报告书的填写和数据的输入？
- 能否简化文件的制作、共享方法？
  用谷歌（谷歌文档、谷歌电子表格）来制作。
- 能否准备模板，实现标准化？
  （报价单、账单、交货单、企划书、报告书等）

然而，工作的减少必然会引起员工的不安。所以，必须同时展示破坏舒适圈后的世界。比如提升提供给客户的服务、构建公司内部的新结构等。如果没有未来的发展方向，员工就很难采取行动。

另外，思考第1步取消时，其实很难发现不必要的工作。为此，我将介绍一个简单的方法。请对着下面三点，逐一检查。

①取消这个之后，会影响到客户满意度吗？

②取消这个之后，会影响到员工满意度吗？

③取消这个之后，会影响到风险管理、业务计划吗？

只要会影响到其中任何一项，这个工作就不能取消。或将其列入取消候补名单。

比如，已经习以为常的一周一次的报告书、企划书的制作、会议记录、会议、早会等。这些事务出人意料地不会影响任何一项（根据经团联的报告，取消会议记录很有效）。

◎为部门的下班时间定一个目标

另外，我还要建议共享下班时间。

加班已成常态的公司都有一个问题，就是回家的时间不明确。正因为不知道谁几点回家，所以才会经常在傍晚以后开会，或布置紧急的任务。

首先，请明确下班时间，并写在白板上，确保每个人都能看到。

这样不仅能提升员工本人的意识，也能防止“7点去吃个晚饭，然后再回来工作”“晚上8点还在做一些莫名其妙的工作”等情况。

要点

运用ECRS的框架，提升发现不必要工作的眼力。

07

这么做，帮你提升战略制定能力

好战略指的不是打赢战争的策略，而是不战而胜的策略。

◎若“不战而胜”，则不会消耗体力

不战而胜才是战略的本质。

但是在营业现场，为了打败竞争对手，我们经常采用“降价”“反复拜访”等消耗战策略。

曾有一本畅销书《蓝海战略》就提出要打破这种状态。书中将市场比作大海，进而提出了“红海”和“蓝海”两种概念。红海是指竞争已经异常激烈的市场，为了在竞争中获胜，各方都拼得头破血流。与此相反，蓝海则是通过提供前所未有的新价值而诞生的市场。在这片市场里，不需要和竞争对手针锋相对。书中详细地介绍了具体事例及其采用的方法。

我当时也被这本书的内容吸引，当时我 20 多岁，在招聘广告部门做营业主任，我们公司正和竞争对手斗得你死我活。

当时，我们采取人海战术，集中地联系竞争对手的客户几十次，向他们介绍我们的武器——优惠活动。当我在思考是否有什么办法能让客户非我们不可而不是只靠优惠吸引客户时，《蓝海战略》出现在了我的视线中。

在我向大家介绍了书中的方法后，即便不竞争，顾客复购率也超过了 90%，甚至有原来 4~5 倍的客户为我们进行口口相传。

◎用“战略布局图”来思考

那么，该怎么做呢？

首先，建议你用框架来思考。《蓝海战略》中也介绍了一种框架工具，那就是“战略布局图”。

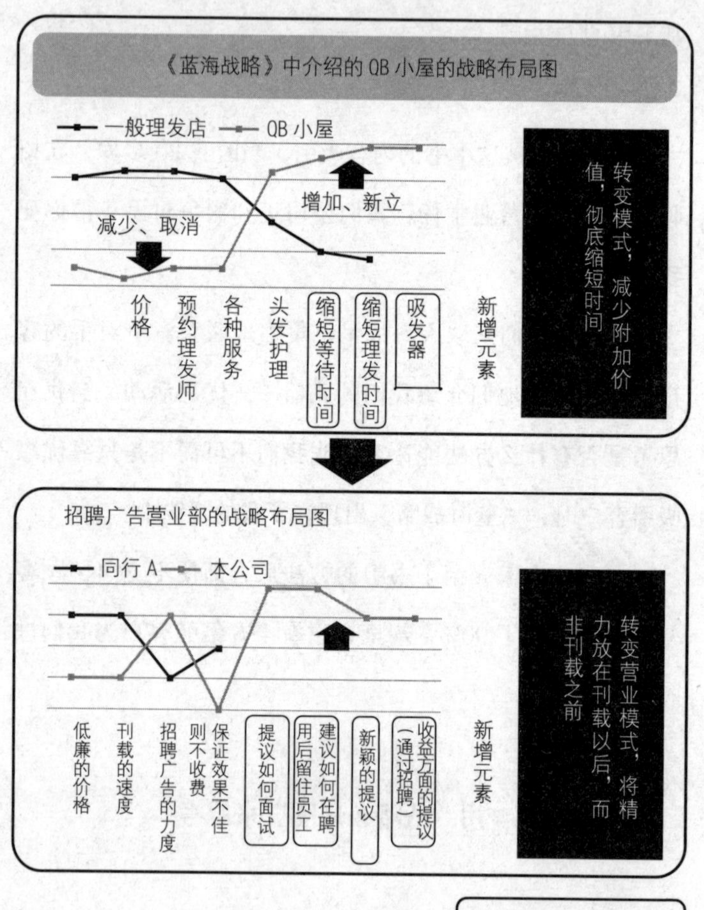

从《蓝海战略》中介绍的理发店QB小屋的战略布局图。可以看出，QB小屋为了满足顾客想要快点剪完头发的需求，通过削减一些附加价值（各种服务、头发护理等），实现了时间的短缩。从而将自己和别的理发店区分开来。

而我在做招聘广告的营业小组主任时，运用类似的结构制作出了战略布局图。为了消除客户的不安，我加强了刊载时间内的跟进工作，而不是将重点放在刊载前（为了拿到合同）。

这种做法效果明显。正如上文所说的那样，顾客复购率超过了90%，转介绍也达到了原来的4~5倍。

下面整理一下绘制战略布局图的流程。

首先，在图的横轴上列出可提供的各个“价值”。然后再明确想要和他人区别开来的价值。有以下三步。

①明确客户群（不是减少客户数，而是聚焦抱有某种课题的客户）；

②决定该舍弃的价值以及该加强的价值（增加、新立、取消、减少）；

③在此基础上，再添加代表新价值的元素。

每种工作都可以描绘战略布局图，所以请试着向上司提议。你可以这么说：

“为了今后能脱离‘红海’，我们要不要明确一下区别于其他公司的卖点呢？”

请通过战略布局图找出不战而胜的方法，然后向上司提议！

CHAPTER

第六章

工作不可能永远一帆风顺，“逆风”时该如何处理？

01

当后辈成为上司时，你该怎么办？

成为年长下属时，能演好名配角的人，比成为上司还要帅气。

◎主角能大放异彩，配角功不可没

上司年轻，下属年长，已经是司空见惯的现象了。

跳槽网站“中年跳槽”针对 35 岁以上的用户做了一份调查。结果发现，回答“遇到过年纪比自己小的上司”的人（不满 40 岁）竟占了 40%。在超过 40 岁的人群中，该比率更是达到了 70% 左右。

然而，当后辈成为自己的顶头上司时，很多人都会心烦意乱。尤其当这个后辈还是自己曾经指导过的后辈时，这种心情就更加一言难尽了。哪里还顾得上发挥追随力呢？

但是，越是这种时候，就越应该下定决心。

告诉自己“要成为一个完美的配角”。

如果心情复杂，就请把日常工作当作拍电视剧。为了弥补年轻演员（年轻上司）演技不佳的问题，电视剧里必须要搭配一个经验丰富的名配角。

职位不过是一种职责而已。它既不代表身份地位，也不能用来评估信誉。上司们只不过是在履行他们身为领导的职责而已。

事实上，跳槽之后，原来是部长的人可能会成为课长，也可能会成为社长。认真履行职责，支持上司。这才是年长下属最帅气的态度。

◎令所有人都崇拜不已的年长下属 N 先生

接下来我要介绍一位年长下属。他就是 40 多岁的 N

先生。

N 先生跳槽进入一家人才服务公司。但 2 年后，这家公司被收购。随之而来的就是一位年轻上司。这位上司是个女性（A 女士），30 多岁，工作能力很强。N 先生选择做一个完美的参谋。上司很信任他，他也很支持上司。周围的人纷纷给出了“没有 N 先生不行”的评价。N 先生的选择是明智的，这让他成为一众年轻员工的偶像。

后来他辞职了。在为他举办的送别会上，一个场景让我真正见识到了他的厉害之处。他是被一家外资企业挖走的，对方邀请他去管理整体的经营事务。在送别会上致辞时，他说：“我和 A 女士一起做过很多有意思的工作，对此我深表感谢。但是，在公司，我和 A 女士一直都是上司和下属的关系。今后，这种关系将不复存在，我希望我们能成为朋友。所以，我不会再称呼你‘A 女士’，而是‘小 A’。小 A，今后请多关照！”认真履行自己职责的专业人士，果然不一样！

当比自己年轻的人成为上司时，只要决定自己该履行怎样的职责即可。

根据上文的数据，即便跳槽了，自己在新公司成为年长下属的概率也很高。所以，此时不夹带私情才是良策。

归根结底，职位只不过是一种角色分配而已。职位是一时性的职能，只适用于当时的那个部门。请不要觉得它是身份地位的象征。

就像N先生一样，当年纪比自己小的人成为上司时，更应该发挥最佳的追随力。这是年长之人最帅气的姿态。

成为年长下属时，才更应该发挥追随力。

02

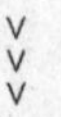

“得不到回报”的时候恰恰是飞跃的时机

有时候，不管自己怎么努力，都得不到回报。这时，一心一意地专注于自己的职责，可以让情况快速好转。

◎公司职员是一种纤细敏感的生物

在企业工作时，有时候会顺风顺水，有时候会遇到令人匪夷所思的事情，有时候还会觉得“世界末日就要来了”。

我也有过这些经历。

公司因为不景气缩小了规模，导致一些岗位被取消了。连组织都没有了，就更别说职位了。还有一次，我被暂时性地降职了。当时，我的人事考核成绩不错，也没做过什么不好的事情。我问上司："这是降职吗？"上司却说："不是的。这只是权宜之计而已。请你理解。"当时，公司需要减少一半管理职位。而我恰好就被列入了这一半。

但是，为什么是我呢？

坦白说，这样的疑惑困扰了我1年，甚至还考虑过马上辞职。我在网上看到了"加盟连锁便利店"的招募信息，于是就问妻子："我们要不开个便利店吧？"但妻子说："你要的答案不在那里吧。"这句话点醒了我。

辞职之后，我问了当时的上司。他说："伊庭你是关西人吧。在当时那种情况下，已经在本地工作了很多年的人更容易推进工作，而且我也在计划让你恢复原职。"

这个原因令我大失所望。

通过这些事情，我切实地感受到：努力得不到回报的感觉，更能促进一个人的成长。

◎逆境出强者

“如暴风雨般的逆境让人变强。”

这是王贞治先生的名言。不仅是王先生，很多经营者也在强调逆境的功能。别人眼中的微风，对本人而言，却宛如暴风雨一样。这就是逆境。你可以将这暴风雨般的逆境转化为飞跃的机会。在被降职之前，我可能过得太顺遂了，觉得努力做出成果后，理所当然就应该升职进阶。后来我明白，有些事情不是仅靠努力就可以的。同时也明白了无能为力的时候，该做些什么。除此之外，我的心也变坚强了，学会了不在意别人的目光，正确地生活。最重要的是，我能懂得处于逆境中的人是什么心情了。所以，才能在对待他们的时候，同时做到贴心和严厉。最后，我还发现只要继续认真履行职责，情况就会有所好转，你会感觉比以前更加充实。

当时，一个曾经是我下属的后辈跟我说：“我觉得现在的伊庭前辈比以前更有人情味了。”我也有同感。所以说，逆境是可以转化为机会的。

逆风呼啸时，身体根本就没有能量供自己发挥追随力。如果你也陷入了这样的困境，就请这么想：认真履行职责，努力成为一个完美的名配角。

把感情放在一边，先思考自己力所能及的事情。这就是人在无能为力之时，该有的姿态。这么做之后，情况绝对会有所好转。

了解无能为力之时该怎么办。

03

觉得公司不行时，应该立即跳槽吗？

我问房产投资专家："赚得多的人有什么共性呢？"他回答："思考问题时和别人反着来。如同股票，在经济不景气的时候买进，在经济形势好的时候卖出。"

◎心机深远地谋划

在做企业培训讲师之前，我在招聘行业工作了20年。我经常对想换工作的人说："你最好深思熟虑，规划好之后再决定。"当然，人生只有一次。如果你遇到更好的工作机会，或更有挑战价值的工作，也可以去尝试。但是，在新公司，也有可能出现不愉快的情况。这时，你就又会陷入新一轮的纠结。

在这里，我想告诉你另外一种选择。当你觉得公司的情况已经糟糕到无可救药时，可以改变一下看问题的角度。仔细地谋划过后，你就会发现组织走下坡路的时候，正是你提高自身价值的机会。

职业经营者经常说：“出任业绩好的公司的社长是最累的。碰到业绩差的公司，才叫幸运。”

也就是说，在他们看来，差到不能再差的情况反而是最有利的，因为今后情况只会好转。员工也同样。公司越是不行，自己的能力就越能得到锻炼，同时还能获得富有戏剧性的成绩。

◎就像“学时力”一样

现在，有一个认知度很高的词叫“学时力”。

公司的 HR 在面试的时候经常会问：“你学生时代在

什么事情上耗费过大量的精力呢？”所谓“学时力”，就是学生时代耗费过大量精力的事情的简称。

学生们通过讲述“学时力”，比如“在留学的国家实习时，开发过新业务”等，进入心目中理想的公司。这里我想强调的一点是，他们使用了逆向推算的思考法。“学时力”不是自然而然发生的事情。学生们在大一、大二的时候就开始逆向思考，步步规划了。为了将来能有拿得出手的“学时力”，去做一些有价值的事情。

他们是不是很有心机呢？

社会人士也是一样的。

如果想要通过跳槽让事业更上一层楼，就必须积累拿得出手的经验和实绩。因为跳槽时，对方公司也会问你“在上一份工作中，你在什么事情上耗费过大量的精力”“你取得的实绩都有哪些”等问题。

“通过将 10 亿日元的赤字 ××，成功在 2 年后实现了 20 亿日元的盈利。”

“之前完全招不到人，但我通过 × ×，让公司挤进了最受学生欢迎的企业排行榜前 10 名，应聘人数也增加了 10 倍。”

这种转负为正的经验是最令人喜闻乐见的实绩。这就是现实。谋划过后，你就会发现，公司情况不好的时候，正是你创造实绩的机会。而这时，你需要做的就是发挥追随力。摆脱职务职责的限制，对业务、对组织，策划全新的挑战。只有发挥这样的追随力，你才能获得实绩。

过程中，辞职的念头可能会就此消失，职位也可能会上升。公司无药可救之时，正是你创造实绩的绝佳机会。

公司不行时，正是你创造实绩的绝佳机会。

04

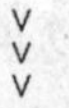

面对“顽固的上司”，如何做到正确地放弃？

感冒可以自愈，因为人体具有自我修复功能。

但是，职场问题没有这种功能，所以出现问题会像火灾一样蔓延开来。

◎“冥顽不灵的上司”无药可救

我们无法改变他人。那么，当我们遇到冥顽不灵的上司时，该怎么办呢？

答案是：没必要放弃，但也没必要太过努力。

这时，你应该改变作战方式，而不是反复地劝说顽固的上司。

我 20 多岁时，曾经做错过一件事——质疑过上司的指导方法。

后辈们去找他商量事情时，他总是不说自己的看法，而是反问他们："你们想怎么做呢？"据他说，他这么做是为了激发下属的主观能动性。

但是，这种方法是有问题的。后辈们对此感到很不满。按照指导的理论，针对新人，正确的做法应该是"教导（细致地讲解）"。所以这个上司采用的方法不过是经验论（错误的经验）而已。

我向上司提出了建议，说："这个方法对新人而言，是不是为时过早了？"

但是，上司却说："你不懂指导。我觉得激发他们的主观能动性非常重要，所以才会让他们独立思考。其他人不会做到这一步吧，所以我是在替其他人做这个工作。"

◎赶紧改变作战方式

这样一来，就只能改变作战方式了，继续努力说服他并不明智。

这里有两种方法：

①和上司的上司商量；

②同时温和耐心地开导后辈。

首先是第一个方法。如果你的上司是课长，那上司的上司就是部长。既然下属的建议听不进去，那就让他的上司来对他说。这是一种利用了组织上下级关系的追随力。这种情况下,上司的上司应该不会透露是从你那里听说的。他们一般不会“出卖”下属。如果你还是不放心，可以事先交代上司的上司：“请不要把我说出来。”

第二个方法就是开导后辈。不仅要关心后辈的心理健康，有时候还要让他们明白上司的意思。也就是说，你需要担负起翻译并传达上司意思的职责。“上司想说的是……”“很难吗？哪项难呢？”就像这样，温和地开导他们。有时候，也会遇到一些后辈根本不想知道上司的本意，只是一个劲儿地说害怕上司。这也是个问题。

遇到顽固的上司，就赶紧改变作战方式。不要放弃。

职场的问题无法自愈。请在它恶化之前，采取对策。

要点

面对冥顽不灵的上司，如果你快要放弃了，就改变作战方式吧。

05

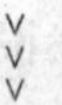

“加入”公司，而非“归属于”公司

有两个圆圈，一个代表公司，一个代表自己。有的人觉得代表自己的圆圈在代表公司的圆圈里面（在公司里生存），也有的人觉得代表公司的圆圈在代表自己的圆圈里面（“参与”公司）。

◎整理自己和公司的关系

某大型制造公司的员工曾对我说过这样的话：“一旦被上司讨厌，10年都无法升职。”如果这么想，就很难发挥追随力了。因为在这种情况下，选择不多管闲事是“正道”。

如果公司的骨干都变成了这个样子，那么公司的问题就会瞬间暴增。这就好比新闻报道了一件违法违纪行为之后，就会揪出一连串儿的相关行为。所以，如果你不把自己觉得奇怪的地方提出来,就有可能酿成难以挽回的后果。

如果你害怕上司，就尝试下列这种方法，从思想上改变自己。

那就是质疑“一旦被上司讨厌，就无法生存下去”这种固有观念。

这个观念脱离了追随力的范畴，但多少还是有点关系的，所以我在这里一并讲解一下。

如果你有这种观念，请质疑自己是不是“村民化”了。

“村民化”是指将村子当作整个社会的思维方式，在村子里生活是活着的全部意义。如果被村长讨厌了，就会受到排挤。而如果离开村子，又没有自信可以生存下去。所以，必须遵从村长。公司是绝对的存在，上司是权威的代表。自己和上司是主仆关系——这就是村民化思维。

◎从归属于公司转变为加入公司

然而，时代已经变了。

最近，经常可以在跳槽汇报或社交网上的跳槽通知中看到“从今天开始，加入 ×× 公司”这样的表述。这句话散发着时代的气息。因为那家公司做的事情有趣，所以我要加入（参与）它，而非归属于它。

丹尼尔·平克曾在他的著作《自由工作者的国度》中提到这样一种观点：自由工作者（一种不受雇于公司的生活方式）的社会即将到来。越来越多的人会成为“自由工作职员”，即不用辞职也能像自由工作者一样工作。合同依旧要签，但思想和生活方式可以和自由工作者一样。

◎想象公司会用多少钱签下现在的自己

下面我要介绍一个方法，让你在身为公司职员的同时，还能提高自律性。

这个方法就是将你的价值换算成金额。如果你现在是自由职业者，就想象一下公司会用多少钱签下自己。

我是从成为骨干员工后开始这么想的。当时我还在营业部门工作，所以会想象“如果公司愿意用营业额的 10% 作为提成来签我，我的收入会达到多少呢”？在我调到内勤部门后，我依旧会想象“如果现在辞职，再以自由职业者的身份和公司签约的话，公司会给我多少薪水呢”？

在发挥追随力时，你要坚信只要自己有贡献，就绝对不会被上司讨厌。这一点非常重要。比起害怕惹是生非的生活方式，选择正确发挥影响力反而会得到更高的评价。

即便不辞职，也请带着自由工作者的意识工作。

06

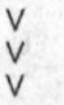

不想“变得更忙”时，该怎么办呢？

在争分夺秒的上班途中，如果看到有人蹲在站台上，你会去关心他一下吗？能发挥追随力的人，哪怕自己很忙，也不会选择对他人置之不理。

◎本来就很忙了

我经常听到有人说：“发挥追随力之后，工作量反而增加了，弄得自己喘不过气来。”

实在忙得不可开交的时候，可以只提建议。不要什么都不做，要尽可能地贡献自己的力量。

当然，在发挥追随力的过程中，原本要求你做到率先行动的，但如果这样会导致自己的业务受到影响，就有点本末倒置了。请和上司这么说：“我原本想自己来执行的，但现在因为 ×× 暂时脱不开身。您有什么好的方法吗？”

上司可能会考虑把这个工作交给（任命）既有余力又有实力的员工，也可能会寻求别的部门的协助，甚至会考虑外包出去。

所以，“太忙了，这次就不要发挥追随力了吧”这样的想法太过草率。如果不尽快解决问题，就会造成无法挽回的后果。

觉得自己已经忙到无法再承受新的工作时，请不要放弃，你可以只做一步。

◎如果没有人替我做

如今这个时代，所有人都很忙。所以，有时候可能找不到其他可以任命的人。这时候，就需要思考用最少的人力物力可以做到什么程度？首先，考虑对策时，选择最省事的方法。

忙到不可开交时采用最省事的方法

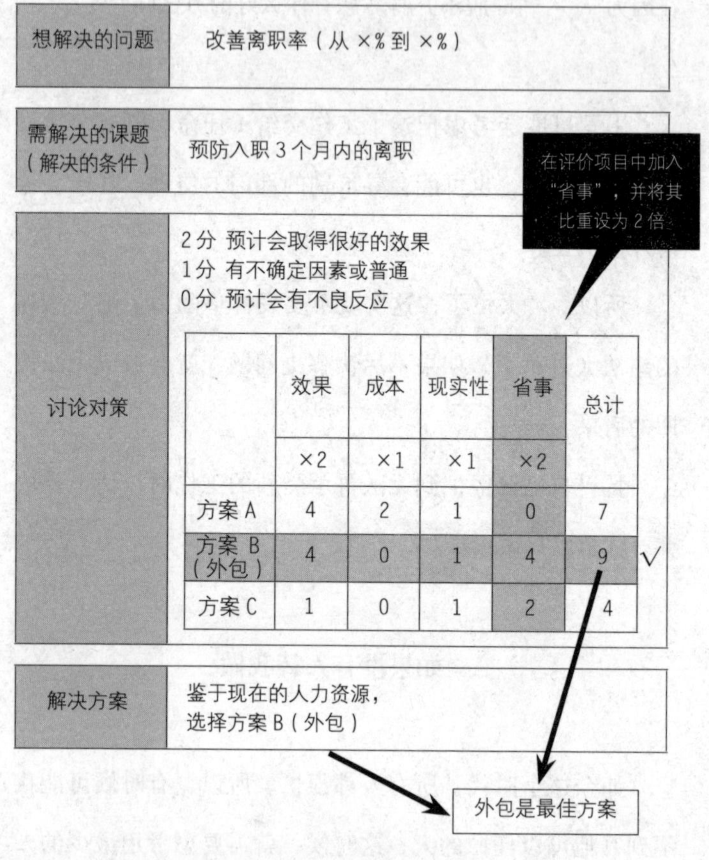

想解决的问题	改善离职率（从 ×% 到 ×%）
需解决的课题（解决的条件）	预防入职 3 个月内的离职
讨论对策	2 分 预计会取得很好的效果 1 分 有不确定因素或普通 0 分 预计会有不良反应

	效果	成本	现实性	省事	总计	
	×2	×1	×1	×2		
方案 A	4	2	1	0	7	
方案 B（外包）	4	0	1	4	9	√
方案 C	1	0	1	2	4	

解决方案	鉴于现在的人力资源， 选择方案 B（外包）

请参考上图,你可以列出3个左右的候补方案,再将“省事”的评价比重加至2倍。这样,就可以选出省事的方法了。

另外，有些时候，也可以通过钱来解决一些不可避免的人力物力。我经常选择外包，或聘请派遣职员。用钱解决问题也是一个很好的选择。

一旦开始借故忙而将工作不做“正当化”，你就会一而再，再而三地将重要的问题往后拖。所以，忙的时候，你可以选择比较省事的方法。

因为忙而放弃太过草率。请先寻找“省事”的方法。

07

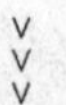

无从下手时该怎么办？

有时候想一下“我们的工资是谁给的？”心中的郁结就会消失。看本质的人，都会觉得“一切都是客户给的”。

◎完全不知道该如何打破困境时

当你遇到一个异常复杂、混乱的问题，以至于完全不知道该从何处下手时，该怎么办呢？下面就来介绍一个有助于打破这种困境的方法。

本书已经介绍过很多方法对策了，比如用逻辑思维（逻辑树）思考问题、业务框架等。

但是，即便掌握了这些方法，面对一些复杂的问题时，有时还是会束手无策。

比如新业务发展缓慢，业绩恶化超出预期，员工的心渐行渐远以至于纷纷辞职。我也有过类似的经历。新业务刚启动时，感觉就像在黑暗中全速奔跑一样。但是，无论是哪家超优秀企业，当你去回顾它们的历史时，都会发现它们凭借员工的努力，一次又一次地度过了无数危机。

值得注意的是,这些企业度过危机的方法几乎一模一样。

即制作一条回归初心的“判断轴”，然后依照这根判断轴，重新简化问题。

所以，当你遇到业绩下滑、员工满意度降低以及别的一些问题，又不知道该怎么办时，请向上司提议：

“现在，是不是该‘站在客户的角度’思考问题呢？”

你可能会对这个“理所当然”的答案大失所望。但业绩也好,员工的动力问题也罢,只要站在客户的角度来思考,就能很快找到今后的方向。

那么，来检查一下自己吧。

①你能说出客户心中的不满吗？（不是凭空想象）

②你知道客户对什么隐隐感到不安吗？

③虽然可能难以解决，但你了解过客户感觉不便的地方吗？

这“三不”就是经营的根基。

这和你是内勤还是外勤无关。

无论你是哪个部门的，只要上司平时会在早会上说“最近令客户感觉不安的是……”“客户前几天说的……”等，你就应该能回答出来。

◎“只顾自己的组织”是万恶之源

乍一看，这种说法像是唯心论一样。

但我既不擅长唯心论，也不擅长精神论。

我曾经收集并研究过成功恢复业绩的社长们的语录，以探寻它们之间的共同点。结果发现，不管是松下、日本航空、良品计划（无印良品）、龙角散、Ringer Hut（长崎杂烩面）等大企业，还是地方的中小企业，比如通过在纳豆荒地销售纳豆而取得飞跃发展的小金屋食品、位于东京八重洲的老字号日料店“YA满登”，他们采取的方法都惊人一致，即回归客户视角。

【业绩恶化的原因】

·逐渐开始偏离客户的需求（过度相信产品、品牌）。

·本位主义横行，出现“与我们无关”的风气。

【采取的对策】

·重新对客户进行细分，明确目标客户。

·努力掌握目标客户的“不满、不便、不安”。

·重新思考如何利用自己公司的服务，解决客户的课题。

·公司上下齐心协力扩大销售。

【结果】

· 业绩回升。

· 重拾团队合作。

· 消除本位主义等。

也就是说，将只顾自己转变为专注客户，才是实现“V”字形复苏的关键。迷茫的时候，请先检查一下自己的部门是否专注客户。

不知道该从何处下手时，请先站在客户的角度思考问题。